미분방정식

석용징 지음

KM 경문사

머리말

미분방정식은 현대 수학에서 가장 전통적인 과목 중 하나이다. 뉴턴 **Newton**, 라이프니츠 **Leibniz** 가 미적분을 고안한 지 오래지 않아 베르누이 **Bernoulli**, 오일러 **Euler** 등의 수학자들은 열방정식 **Heat Equation**, 파동방정식 **Wave Equation** 등 **수리물리학** mathematical Physics 을 다루기 시작하게 된다. 뉴턴 자신도 행성의 운동을 다루면서 미분방정식 **Differential Equations** 을 다루게 된다. 두 양의 변화율 개념의 미분 관계가 등식 형태로 주어지는 미분방정식 형태로 나타나는 것은 자연스러운 것이다. 따라서 많은 사회 현상, 자연 현상 등이 모두 미분방정식의 형태로 주어지는 것이다. 가장 간단한 것 중 하나는 자유낙하운동 **a free falling** 을 기술할 때 위치함수(높이)를 $y(t)$로 나타내면 그 이차도함수 y''는 가속도 **acceleration** 를 뜻하므로 갈릴레오 법칙에 따라 $y'' = -9.8(m/s^2)$로 나타난다. 이것은 가장 간단한 미분방정식으로 단지 두 번의 적분만으로 우리는 자유 낙하 운동을 예측할 수 있게 되는 것이다.

오늘날에 와서도 물리학, 여러 공학의 핵심 부분, 특히 생명 공학의 중요 영역, 그리고 다수의 수학적 모델링 **mathematical modelling** 에 강력한 도구로 나타나게 된다. 그 대표적인 것으로 아인스타인 **Einstein** 의 (중력)장 방정식 **a field equation**, 최근의 금융공학 분야의 블랙-숄즈 방정식 **Black-Scholes Equation** 등을 들 수 있다. 미분방정식은 **수학적 모델링** mathematical modelling 과정을 거쳐 나타난다. 모델링은 어떤 개념이나 현상을 실체화하는 과정이다. 대부분은 **비선형 미분방정식** nonlinear DE 형태로 나타나고, 간단한 형태의 미분방정식조차 함수해를 갖지 않는 경우가 대부분임을 알 수 있다. 미분방정식은 그러한 현실 문제를 나타내고, 컴퓨터를 이용하여 그러한 문제에 대한 해석의 단서를 제공할 수도 있다.

이 과목의 필수 예비 선수과목 **a Prerequisites** 은 선형대수학, 특히 미 · 적분학이다. 고급 **미 · 적분학**이 나타나고, **선형대수학**의 기초도 포함된다. 한편 **간단한 물리 등 배경 지식의 갭** a gap 에 대한 해설도 포함하게 된다. 따라서 예비 수학교사들의 수학 기초와 배경 지식에 대한 심화 과정에 직접적인 도움이 될 것이다.

일반적으로 미분방정식 교재를 살펴보면 대부분이 응용 전공을 위한 교재가 대부분이다. 미분방정식 교재로 사용될 수 있는 많은 책을 시중에서 찾아볼 수 있다. 몇 권의 대표적 문헌을 선택하여 우리는 목적에 부합하는 적절한 교재 구성을 제안한다. 이 교재가 **변화와 예측에 대한 수학적 기술**에 대한 이해와 교양에 대한 수학 예비교사들에게 한 부분이라도 실제 도움이 되었으면 하는 바람이다.

2017년 3월

강원대학교 수학교육과

교수 석용징

교수-학습에 대하여

이 교재는 **예비 수학교사**를 위한 교재로 개발한 것으로 미분방정식의 배경 지식에 대한 기초 교양을 심화하기 위하여 **해의 구성법 체계와 관련 배경 지식**에 대한 이해를 목적으로 한다. 따라서

□지나친 수학적 논증을 지양하고, 구성적인 방법으로 진행한다.

단, 수학적 논증이나 방법론 중 다룰만한 가치가 있는 것은 친절하게 다룬다.

□수학적 모델링 중 해설할 가치가 있는 것에는 최대한 친절히 시연한다.

해설을 위한 간단한 수준의 물리는 배경 지식으로 유용하다.

□내용의 흐름을 강조하여 전개한다. 자세한 계산을 강조하여 개념 학습을 흐리지 않도록 한다.

본문의 간단한 계산은 생략하고 있으므로 연습으로 활용하면 편리하다.

차례

미분방정식
微分方程式
DIFFERENTIAL
EQUATION

미분방정식의 소개 1

1.1 미분방정식의 기초 용어

미분계수는 접선의 기울기 **a slope** 또는 변화율 **a rate of change** 의 뜻을 가지므로 많은 물리법칙과 기하적인 문제들이 미분방정식 **Differential Equations** 의 형태로 도출되는 것이다. 속도나 가속도와 같은 많은 물리적 개념들이 도함수이므로 모델은 미지함수의 도함수를 포함하는 미분방정식의 형태로 나타나는 것이다. 주어진 물리적인 상황을 수학적으로 전환하는 (수학적)**모델링 Mathematical modelling** 과정도 각 장에서 필요한 경우에 다루기로 한다.

(상)미분방정식 ODE(ordinary differential equation)은 하나의 미시함수(종속변수)와 그 도함수들을 포함하는 방정식이다. 여기서 "상"이라는 단어는 두 개 이상의 독립변수를 가진 미지함수와 그 편도함수들을 포함하는 **편미분방정식** PDE(partial differential equation)과 구별하기 위한 명칭일 뿐이다.

- 계수 order : 미분방정식에 포함된 미지함수의 최고계 도함수가 n계이면, n계(nth order) 미분방정식이라 부른다.
- 차수 degree : 이때 그 최고계 도함수의 차수가 m차이면, m차(mth order) 미분방정식이라 한다.

종속변수와 그 도함수들이 모두 일차식으로만 된 방정식을 선형 **linear** 이라 하고, 그렇지 않으면 비선형 **non-linear** 이라 한다. 이를테면 $a_1(x)y' + a_0(x)y = f(x)$는 1계 선형 미분방정식이다. 우리 교재에 나타나는 대표적인 미분방정식은 다음과 같다. 각각에 대하여 계수, 차수, 선형성을 구별하여 보자.

교재에 나타나는 미분방정식들

ODE

$\frac{d^2x}{dt^2} = -\omega^2 x$ 진동

$\frac{dy}{dx} + p(x)y = f(x)y^n$ Bernoulli

$P' = kP(L-P)$ Verhulst

$y = xy' + (y')^3$ Clairaut

$x^2 y'' - 2xy' - 4y = 0$ Cauchy-Euler

$(1-x^2)y'' - 2xy' + k(k+1)y = 0$ Legendre

$x^2 y'' + xy' + (x^2 - p^2)y = 0$ Bessel

PDE

$\frac{\partial^2 u}{\partial r^2} + \frac{1}{r}\frac{\partial u}{\partial r} + \frac{1}{r^2}\frac{\partial^2 u}{\partial \theta^2} = 0$ Laplace

$\frac{\partial^2 y}{\partial t^2} = a^2 \frac{\partial^2 y}{\partial x^2}$ D'Alembert (파동)

1.2 일계 미분방정식

간단히 일계 미분방정식의 일반적 형식은

$$F(x,\, y,\, y') = 0$$

또는

$$y' = f(x,\, y)$$

로 나타낸다.

$y' = f(x, y)$의 해의 기하적 뜻

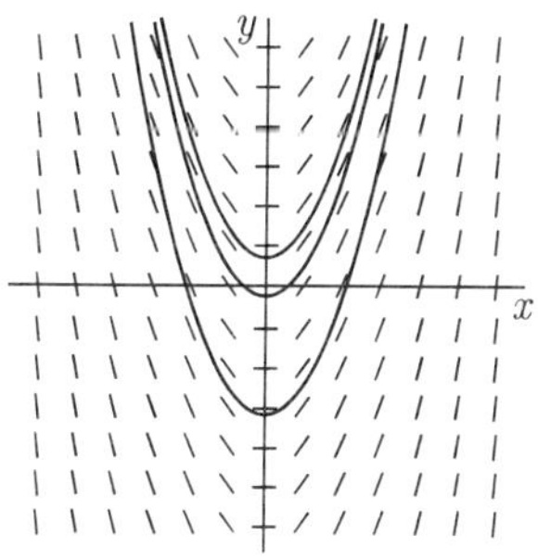

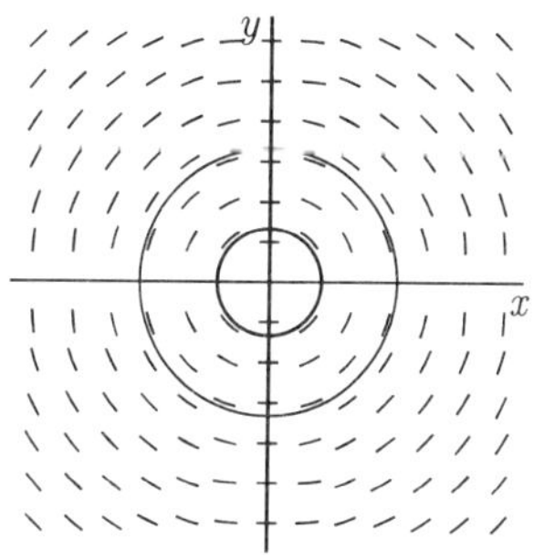

평면에 **선소** linear element를 그려봄으로써 미분방정식 $y' = f(x, y)$의 해곡선의 윤곽을 개략적으로 알 수 있다. 선소가 나타내는 벡터장을 **방향장** direction field 또는 **기울기장** slope field 이라 하며, 이를 통해 개략적인 해곡선을 짐작할 수 있다.[1)] 거의 대부분의 미분방정식은 그 해를 식으로 표현할 수 없으므로 이 방법은 필수적이다. 컴퓨터를 이용하면 그래픽의 형태로 해의 전체적인 개형을 알 수 있게 된다.

---

1) 물리에서는 힘의 장, 전자기 장, 또는 유체 흐름의 속도장 등을 다루므로 작용선 a flow line 이라는 명칭으로 부르게 된다.

일반해와 특수해

n계 미분방정식 $F(x, y, y', \cdots, y^{(n)}) = 0$의 해는 n개의 매개변수 $c_1, \cdots, c_n$을 포함하게 되는데 그것을 **일반해** a general solution 라 한다.

이를테면, 1계 미분방정식 $xy' - 4y = 0$의 해를 구하는 과정에서 적분상수 하나를 포함하게 되어 일반해 $y = cx^4$로 나타나게 가진다. 이때 조건 $y(1) = 2$를 만족하는 해는 $c = 2$, 즉 $y = 2x^2$가 된다.

이와 같이 일반해에서 매개변수들이 결정된 형태의 해를 **특수해** a particular soluton 라 한다. 여기서 조건 $y(x_0) = y_0$을 1계 미분방정식의 **초기값 조건** initial conditon 이라 한다. 일반적으로 n계 미분방정식 $F(x, y, y', \cdots, y^{(n)}) = 0$에 대한 초기값 조건은

$$y(x_0) = y_0,\ y'(x_0) = y_0,\ \cdots,\ y^{(n-1)}(x_0) = y_0$$

의 형태로 주어진다.

잘라 붙인 해

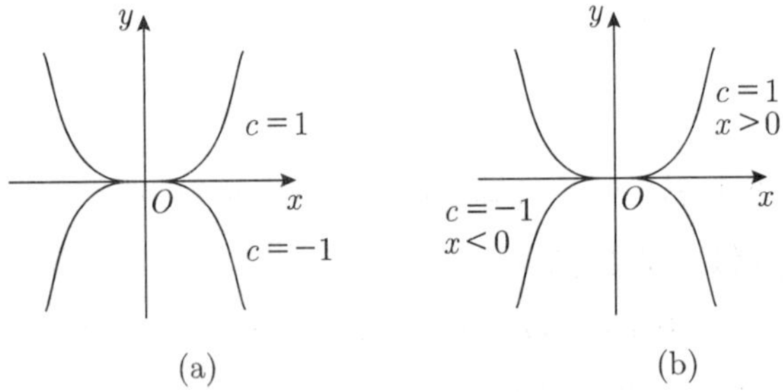

미분방정식을 푼다는 것은 미지함수를 구하는 것으로 그 곡선을 **해곡선** a solution curve 이라 한다. 미분방정식 해는 구간 상에서 생각하는 것으로, 따라서 그것들을 구간별로 잘라 붙인 Cut & Paste 해도 생각할 수 있다. 이를테면, 한 개의 매개변수 c를 포함하는 4차 곡선, 즉 $y = cx^4$는 모두 미분방정식 $xy' - 4y = 0$의 해가 됨을 알 수 있다. 이때

$$y = \begin{cases} x^4, & x \geq 0 \\ -x^4, & x < 0 \end{cases}$$

도 하나의 해가 되는 것이다. $x=0$에서 미분가능하게 잘라 붙인 결과이다.

1.3 존재성과 유일성

일반적으로 초기값 미분방정식의 해의 존재와 유일성 **Existence & Uniqueness** 을 최초로 코시 **Cauchy** 가 다루었기 때문에 초기값 문제 IVP를 **코시 문제**라 한다.[2] 여기서는 초기값 일계 선형 미분방정식

$$y' = f(x, y),\ y(x_0) = y_0$$

의 해의 존재와 유일성을 보장하는 수학적 조건에 대한 다음 형태로 소개하기로 한다. 흐름을 잃지 않기 위하여 자세한 논증은 생략하니 참고문헌을 찾아보도록 한다. 기본적 아이디어는 **피카르 Picard** 의 **반복법 iteration** 을 사용하는 것을 알 수 있다. 여기서는 **예시 an illustration** 를 통하여 이해를 돕기로 하겠다.

정리 존재성과 유일성

점 (x_0, y_0)을 포함하는 직사각형 영역 R 상에서 함수 $f(x, y)$, $\dfrac{\partial f}{\partial y}$가 연속이면, x_0 근방의 적당한 구간 I이 존재하여 초기값 문제

$$\begin{aligned} y' &= f(x, y), \\ y(x_0) &= y_0 \end{aligned} \qquad \cdots (1)$$

의 유일한 해가 존재한다.

참고로 앞의 초기값 문제에서 해는 존재하지만 유일성은 보장되지 않았다. 실제로

$$f(x, y) = -\frac{4y}{x},\quad \frac{\partial f}{\partial y} = -\frac{4}{x}$$

모두 $(0, 0)$ 근방에서 연속이 아니므로 정리의 조건에 부합하지 않는 것을 알 수 있다.

---

2) IVP(Initial Value Problem) 초기값 문제

(피카르 반복법) 초기값 미분방정식

$$y' = f(x, y), \ y(x_0) = y_0 \qquad \cdots (1)$$

피카르의 반복법 **Picard Iteration Method**을 이용하여 풀기 위하여 적분방정식 형태로 고쳐쓰면

$$y(x) = y_0 + \int_{x_0}^{x} f(t, y(t))\, dt \qquad \cdots (2)$$

로 쓸 수 있다. 여기서

$$y_0(x) = y_0$$
$$y_n(x) = y_0 + \int_{x_0}^{x} f(t, y_{n-1}(t))\, dt \qquad \cdots (3)$$

로 쓰고 반복하면 우리는 함수열 $\{y_n(x)\}$를 얻게 되는데, 수학적 조건(함수 f에 대한)이 성립되면, 함수열의 극한(함수) $y(x)$가 존재하고, $y_n(x) \to y(x)$로 평등수렴하게 되어 (3)에서 $n \to \infty$일 때 (2)가 되어 극한(함수) $y(x)$가 주어진 초기값 미분방정식 (1)의 해가 된다.

예제 초기값 미분방정식

$$y' = 1 + y^2$$
$$y(0) = 0$$

를 피카르 반복법으로 풀어 보기로 하자.

풀이 --

$x_0 = y_0 = 0$이므로,

$$y_1(x) = x$$
$$y_2(x) = x + \frac{1}{3}x^3$$
$$\vdots$$

구하는

$$y(x) = x + \frac{1}{3}x^3 + \frac{2}{15}x^5 + \cdots$$

가 되어 실제로 $y(x) = \tan\ x$임을 알 수 있다. □

참고로 (2)의 우변

$$y_0 + \int_{x_0}^{x} f(t, y(t))\, dt \ (= Ty)$$

로 써보면 연산자(작용소)

$$T : y(x) \mapsto y_0 + \int_{x_0}^{x} f(t, y(t))\, dt$$

이 되어 작용소 T는 일반적인 실수 집합 R 상에서 정의되는 것이 아니라, 함수를 원소로 하는 어떤 함수 공간(여기서는 미분가능한 함수들의 공간)상에서 정의되는 넓은 의미의 범(凡)함수 **functional** 가 된다. 따라서 현대 수학에서는 다루는 도구가 (범)함수 해석인 "함수해석" **functional analysis** 이 나타나게 된다. 피카르 반복법으로 돌아가면 (3)은 간단히

$$y_n = T\, y_{n-1}$$

가 되어 함수 T에 대한 해석이 필요하게 된다.

1.4 형태별 풀이

변수분리형

1계 미분방정식 $\frac{dy}{dx} = f(x, y)$가

$$p(y)\,dy = q(x)\,dx \qquad \cdots (1)$$

와 같이 고쳐지는 형태를 **변수분리형** seperable variable 이라 한다. 따라서 변수분리형은 (1)과 같이 고쳐쓰고 양변을 적분하면

$$\int p(y)\,dy = \int q(x)\,dx$$

되므로 제일 간단한 미분방정식이다.

예제 $y' = y^2 - 4$을 풀어 보자.

풀이

$\frac{1}{y^2 - 4}\,dy = dx$로 고쳐 쓰고 양변을 각각 적분하여 정리하면(계산 과정 생략)

$$y = 2\frac{1 - ce^{4x}}{1 + ce^{4x}} \qquad \square$$

완전 미분방정식

1계 미분방정식

$$M(x, y)\,dx + N(x, y)\,dy = 0 \qquad \cdots (2)$$

의 (좌변) 미분형식이 어떤 함수 f의 (전)미분 (total) differential df으로 나타날 때 (2)를 완전 Exact 미분방정식이라 한다. 따라서 완전 미분방정식은 간단히

$$df = 0 \qquad \cdots (3)$$

이 되어 일반해는 $f(x, y) = c$

이를테면,

$$y\,dx + x\,dy = d(xy)$$

$$-\frac{y}{x^2}dx + \frac{1}{x}dy = d\left(\frac{y}{x}\right)$$

$$2x\,dx + 2y\,dy = d(x^2 + y^2)$$

$$\frac{-y}{x^2+y^2}\,dx + \frac{x}{x^2+y^2}\,dy = d\left(\tan^{-1}\frac{y}{x}\right)$$

다음은 판별 정리이다.

정리　판정

$M(x, y)\,dx + N(x, y)\,dy = 0$가 완전 미분방정식일 필요충분조건은

$$\frac{\partial M}{\partial y} = \frac{\partial N}{\partial x} \qquad \cdots (4)$$

증명

완전 미분방정식이면 어떤 함수 f가 존재하여

$$M(x,\ y)\,dx + N(x,\ y)\,dy = df$$

이므로 $M = \dfrac{\partial f}{\partial x}$, $N = \dfrac{\partial f}{\partial y}$

따라서 $f \in C^2$(이급함수)라 가정하면

$$\frac{\partial M}{\partial y} = \frac{\partial}{\partial y}\left(\frac{\partial f}{\partial x}\right) = \frac{\partial}{\partial x}\left(\frac{\partial f}{\partial y}\right) = \frac{\partial N}{\partial x}$$

역방향 증명은 예제의 계산 보충 과정(f**를 구하는 방법**)을 통한 **예시 방법**으로 보이기로 한다. □

예제 $2xy\,dx + (x^2 - 1)\,dy = 0$를 풀어 보자.

풀이

$$\frac{\partial M}{\partial y} = 2x = \frac{\partial N}{\partial x}$$

이므로 완전 미분방정식이다. 실제로 $f(x, y) = x^2y - y$(보충 참조)에 대하여

$$2xy\,dx + (x^2 - 1)\,dy = df$$

로 고칠 수 있다. 따라서 일반해는 $x^2y - y = c$. □

*f*를 구하는 방법 (앞 계산 과정 보충)

앞의 예제에서

$$\frac{\partial f}{\partial x} = M = 2xy$$

x에 대한 적분 상수 역할은 y에 대한 임의의 식 $g(y)$ 로 나타나낼 수 있으므로

$$f(x, y) = \int 2xy\,dx = x^2y + g(y) \qquad \cdots (1)$$

이제 y로 편미분하면

$$\frac{\partial f}{\partial y} = x^2 + g'(y)$$

그런데 $\frac{\partial f}{\partial y} = N = x^2 - 1$이어야 하므로

$$g'(y) = -1.$$

따라서 (1)에서 $g(y) = -y$로 선택한 것이다. □

1.5 여러 가지 치환법

동차 미분방정식

$f(tx, ty) = t^n f(x, y)$가 되는 식 f를 n차 **동차식** homogeneous 이라 한다. 이를테면, $x^2 + 2xy + y^2$은 2차 동차식, $2\frac{x}{y} + 4$는 0차 동차식이다.

계수 M, N이 모두 n차 동차식인 1계 미분방정식 $M(x, y)\,dx + N(x, y)\,dy = 0$를 **동차 미분방정식**이라 한다.

동차 미분방정식의 풀이

동차 미분방정식 $M(x, y)\,dx + N(x, y)\,dy = 0$에 대해서는 새로운 변수 u를 이용한 치환

$$y = ux \qquad \cdots (1)$$

을 이용하면

$$M(x, ux)\,dx + N(x, ux)\,[u\,dx + x\,du\,] = 0$$

계수 M, N이 모두 n차 동차식인 경우

$$x^n M(1, u)\,dx + x^n N(1, u)\,[u\,dx + x\,du\,] = 0$$

가 되어 분리형 seperable 이다. 실제로 정리하면

$$\frac{1}{x}dx + \frac{N(1, u)}{M(1, u) + uN(1, u)}\,du = 0 \qquad \cdots (2)$$

이것을 풀어 변수 $u = \frac{y}{x}$로 복원하면 된다.

예제 $2x^3y\,dx + \left(x^4 + y^4\right)dy = 0$를 풀어보자.

풀이

$x = vy$로 치환하여 정리하면

$$\frac{2v^3}{3v^4+1}dv + \frac{1}{y}dy = 0$$

이것을 풀어 $v = \dfrac{x}{y}$로 바꾸어 쓰면, 구하는 일반해는 $3x^4y^2 + y^6 = c$. □

베르누이 미분방정식

베르누이 **Bernoulli** 미분방정식은

$$\frac{dy}{dx} + p(x)y = f(x)y^n \quad (\text{단, } n\text{은 실수}) \qquad \cdots (3)$$

형태이다. $n = 0, 1$인 경우는 1계 선형 미분방정식이다. 그렇지 않은 경우는 1계 비선형 방정식이 된다. 양변을 y^n으로 나누면

$$y^{-n}\frac{dy}{dx} + p(x)y^{1-n} = f(x)$$

이 되는데 $y^{1-n} = w$로 치환하면,

$$\frac{1}{(1-n)}\frac{dw}{dx} + p(x)w = f(x)$$

즉,

$$\frac{dw}{dx} + (1-n)p(x)\,w = (1-n)f(x) \qquad \cdots (4)$$

가 되어 1계 선형 미분방정식이 된다(6절 참조). 이것을 풀어 $w = y^{1-n}$로 되돌리면 된다.

예제 $xy' + y = x^2 y^2$ 을 풀어 보자.

풀이

$y^{-2}\dfrac{dy}{dx} + \dfrac{1}{x}y^{-1} = x$로 고쳐쓰고, $y^{-1} = w$로 치환하면,

$$\frac{dw}{dx} - \frac{1}{x}w = -x$$

이것은 6절의 1계 선형 미분방정식이다(6절 참조). 그 해공식을 이용하고 $w = y^{-1}$을 환원하면 간단하므로 과제로 남긴다. □

$y' = f(ax + by + c)$ 형태

$u = ax + by + c$로 치환하면 분리형이 되어 쉽게 풀 수 있다. 이를테면, $y' = (-2x + y)^2 - 7$은 $w = -2x + y$로 치환하면,

$$\frac{dw}{dx} = w^2 - 9$$

로 분리형이므로 쉽게 풀 수 있다. 일반해는 $y = 2x + \dfrac{3(1 + ce^{6x})}{1 - ce^{6x}}$.(계산 생략)

$(a_1x + b_1y + c_1)dx + (a_2x + b_2y + c_2)dy = 0$ 형태

계수에 대하여 두 개의 직선

$$\begin{cases} a_1x + b_1y + c_1 = 0 \\ a_2x + b_2y + c_2 = 0 \end{cases}$$

을 생각하여,

Case 1 두 직선이 만나는 경우

그 교점 (h, k)라 할 때, 좌표변환

$$\begin{cases} x = u + h \\ y = v + k \end{cases}$$

으로 새로운 좌표 $\begin{pmatrix} u \\ v \end{pmatrix}$로 치환하면, 주어진 미분방정식은

$$(a_1 u + b_1 v)\,du + (a_2 u + b_2 v)\,dv = 0$$

가 되어 동차 **homogeneous** 미분방정식이다.

Case 2 두 직선이 평행하거나 일치한 경우

$a_2 x + b_2 y = k(a_1 x + b_1 y)$ 꼴이 되므로 $(a_1 x + b_1 y) = w$로 치환하면, 주어진 미분방정식은

$$(w + c_1)\,dx + (kw + c_2)\left(\frac{1}{b_1}dw - \frac{a_1}{b_1}\,dx\right) = 0$$

로 정리하면 분리형 **seperable** 이 됨을 알 수 있다. 자세한 계산은 생략하기로 한다.

1.6 일계 선형

일계 선형 미분방정식[3)]

$$\frac{dy}{dx}+p(x)y=f(x) \quad \cdots (1)$$

를 풀기 위하여 우선

$$dy+p(x)y\ dx=f(x)dx \quad \cdots (2)$$

로 쓰고 (좌변)에

$$u(x)=e^{\int p} \quad \cdots (3)$$

를 양변에 곱하면

$$\left(p\ e^{\int p}\cdot y\right)dx+\left(e^{\int p}\right)dy=d\left(e^{\int p}\cdot y\right) \quad \cdots (4)$$

가 되어 (좌변)은 다음과 같이 완전형식 Exact 임을 알 수 있다. (3)곱한 (우변)비교

$$d\left(e^{\int p}\cdot y\right)=f(x)\cdot e^{\int p}dx$$

즉,

$$e^{\int p}\cdot y=\int f(x)e^{\int p}\,dx+c$$

구하는 해는

$$y(x)=c\,e^{-\int p}+e^{-\int p}\cdot\int\left(f\cdot e^{\int p}\right) \quad \cdots (5)$$

가 일계선형 미분방정식 (1)의 일반해가 된다.

---

3) (1)에서 $f=0$일 때, 제차 homogeneous (또는 동차)라 하고, 아니면 비제차(또는 비동차)라 한다.

참고로 $y_c = c\,e^{-\int p}$ 는 보조해 **complement solution** 으로 제차부분의 일반해, 즉

$$\frac{dy_c}{dx} + p(x)\,y_c = 0 \qquad \cdots (6)$$

그리고 $y_p = e^{-\int p} \cdot \int (f \cdot e^{\int p})$ 는 비제차 부분의 특수해 **a particular solution** 가 됨을 알 수 있다. 즉,

$$\frac{dy_p}{dx} + p(x)\,y_p = f(x) \qquad \cdots (7)$$

참고

적분인자 구하기

$$M(x, y)\,dx + N(x, y)\,dy$$

의 적분인자를 $u(x, y)$라 가정하면

$$uM\,dx + uN\,dy$$

는 완전형식 Exact가 되므로

$$\frac{\partial}{\partial y}(u\,M) = \frac{\partial}{\partial x}(uN) \qquad \cdots (1)$$

로 정리하면

$$u\left(\frac{\partial M}{\partial y} - \frac{\partial N}{\partial x}\right) = \frac{\partial u}{\partial x}N - \frac{\partial u}{\partial y}M$$

이때 u가 x 만의 함수, 즉 $u(x)$를 구하면, $\frac{\partial u}{\partial y} = 0$이므로

$$u\left(\frac{\partial M}{\partial y} - \frac{\partial N}{\partial x}\right) = \frac{\partial u}{\partial x}N$$

즉,

$$\frac{1}{N}\left(\frac{\partial M}{\partial y} - \frac{\partial N}{\partial x}\right)dx = \frac{1}{u}\,du$$

여기서

$$\frac{1}{N}\left(\frac{\partial M}{\partial y} - \frac{\partial N}{\partial x}\right) \qquad \cdots (2)$$

가 x 만의 함수인 경우에는 (2)는 분리형 **seperable type** 이 되어

$$u(x) = e^{\int \frac{(M_y - N_x)}{N}} \qquad \cdots (3)$$

를 구할 수 있게 된다.

이를테면, 일계 선형으로 되돌아 가보자. 좌변의 형식

$$p(x)y\,dx + dy$$

에 대하여 (2)를 구하여 보면

$$\frac{1}{N}\left(\frac{\partial M}{\partial y} - \frac{\partial N}{\partial x}\right) = \frac{1}{1}\cdot\left(\frac{\partial(py)}{\partial y} - \frac{\partial(1)}{\partial x}\right)$$
$$= p(x)$$

로 x만의 함수인 경우이므로, 적분인자 IF는 공식 (3)으로부터

$$u(x) = e^{\int p}$$

임을 알 수 있다.4) □

4) IF(Integrating Factor) 적분인자

연습문제

미분방정식의 개요

주어진 미분방정식들의 해곡선 **solution curve** 을 스케치할 수 있도록 컴퓨터를 이용하여 그 선요소를 나타낸 그림들이다. 해당 미분방정식의 해곡선을 그려 보시오.

1. $y' = xy$

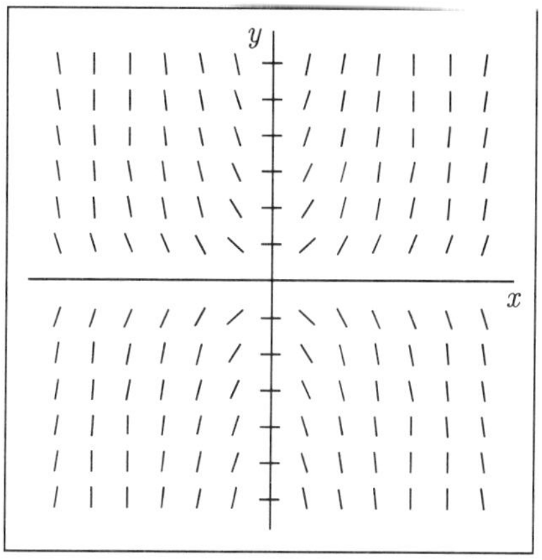

2. $y' = 1 - xy$

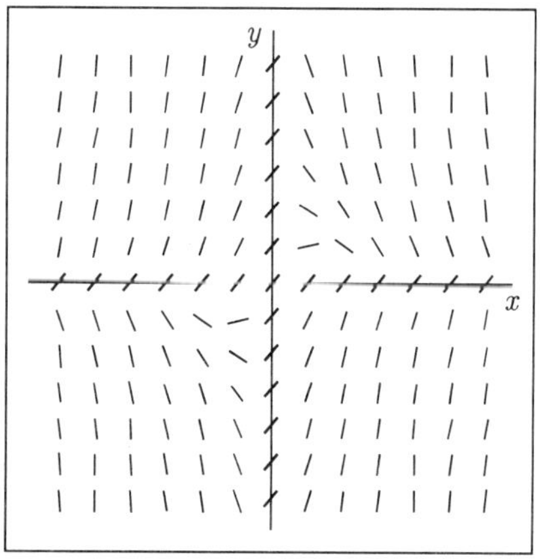

3. $y' = y - x$

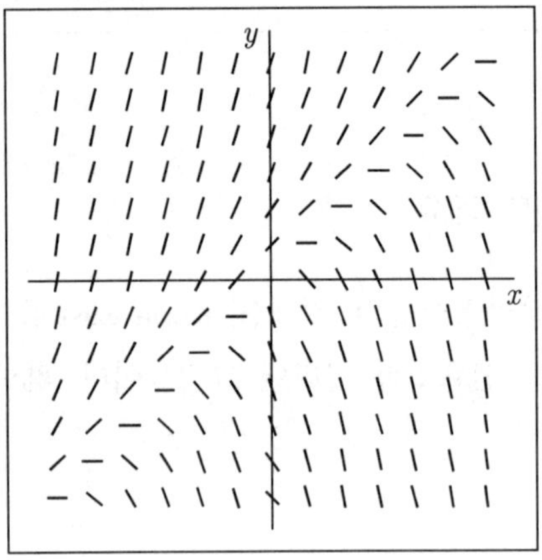

4. $y' = \dfrac{\cos x}{\sin y}$

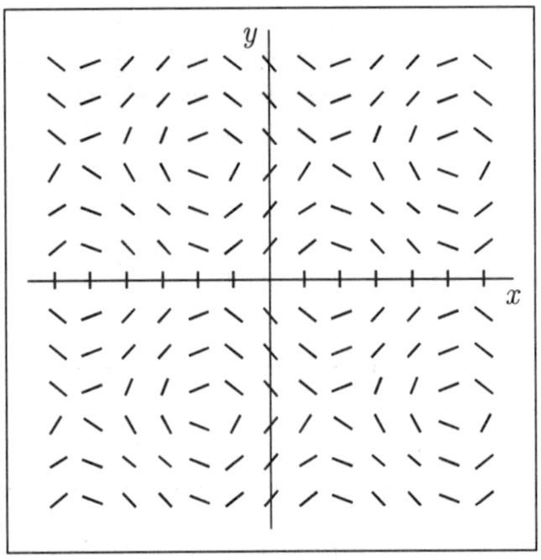

5. 다음에 대한 이유를 설명하시오. 미분방정식 $\left(\dfrac{dy}{dx}\right)^2 + 1 = 0$, $(y')^2 + y^2 + 4 = 0$은 실함수 해를 갖지 못한다. 한편 $(y'')^2 + 10y^4 = 0$는 단 하나의 실함수 해(자명 해 $y \equiv 0$)만을 가진다.

6. 미분방정식 $\left(\dfrac{dy}{dx}\right)^2 = \dfrac{4-y^2}{4-x^2}$는 영역 $|x| < 2$, $|y| > 2$에서는 실함수 해를

가지지 못하는 이유를 설명하시오. 실함수 해를 가지지 못하는 다른 영역이 있는지 말해 보시오.

분리형

7. $(1+x)dy - y\,dx = 0$

답 $y = c(1+x)$

8. $y' = -\dfrac{x}{y},\ y(4) = 3$

답 $x^2 + y^2 = 25$

9. $y' = y^2 - 4$

답 $y - 2\dfrac{1-ce^{4x}}{1+ce^{4x}}$

완전형

10. $(e^{2y} \quad y\cos xy)dx + (2xc^{2y} - x\cos xy + 2y)dy = 0$

답 $xe^{2y} - \sin xy + y^2 = c$

11. $(\cos x \sin x - xy^2)dx + y(1-x^2)dy = 0,\ y(0) = 2$

답 $y^2(1-x^2) - \cos^2 x = 3$

12. $2xy\,dx + (x^2 - 1)dy = 0$

답 $x^2y - y = c$

적분인자

13. $(x+y)dx + x\ln x\,dy = 0$의 적분인자를 찾고, 해를 구하여라.

힌트 적분인자 $\dfrac{1}{x}$

답 $x + y\ln x + c = 0$

14. $6xy\,dx + (4y + 9x^2)dy = 0$의 적분인자를 찾고, 해를 구하여라.

힌트 적분인자 $\mu(x, y) = y^2$

답 $3x^2y^3 + y^4 = c$

동차형

15. $(x^2+y^2)\,dx+(x^2-xy)\,dy=0$ 답 $(x+y)^2=cxe^{\frac{y}{x}}$

16. $(2\sqrt{xy}-y)\,dx-x\,dy=0$ 답 $\sqrt{xy}-x=c$

17. $2x^3y\,dx+(x^4+y^4)\,dy=0$ 답 $3x^4y^2+y^6=c$

18. $x\dfrac{dy}{dx}=y+xe^{\frac{y}{x}},\ y(1)=1$ 답 $\dfrac{1}{e}-e^{-\frac{y}{x}}=ln\,|x|$

치환

19. $y(1+2xy)\,dx+x(1-2xy)\,dy=0$

힌트 $u=2xy$ 답 $x=cye^{\frac{1}{2xy}}$

20. $2xy\dfrac{dy}{dx}+2y^2=3x-6$

힌트 $u=y^2$ 답 $x^2y^2=x^3-3x^2+c$

21. $x\dfrac{dy}{dx}-y=\dfrac{x^3}{y}e^{\frac{y}{x}}$

힌트 $u=\dfrac{y}{x}$ 답 $y+x=x(c-x)e^{\frac{y}{x}}$

22. $y''=2x(y')^2$

힌트 $u=y'$ 답 $y+c_2=-\dfrac{1}{c_1}tan^{-1}\dfrac{x}{c_1}$

23. $y''+2y(y')^3=0$

힌트 $u=y',\ y''=\dfrac{du}{dy}u$ 답 $\dfrac{1}{3}y^3-c_1y=x+c_2$

베르누이

24. $xy' + y = \frac{1}{y^2}$ 답 $y^3 = 1 + \frac{c}{x^3}$

25. $x^2 y' + y^2 = xy$ 답 $e^{\frac{x}{y}} = cx$

1계 선형

26. $(x^2+9)y' + xy = 0$ 답 $y = \frac{c}{\sqrt{x^2+9}}$

27. $y' + 2xy = x,\ y(0) = -3$ 답 $y = \frac{1}{2} - \frac{7}{2}e^{-x^2}$

28. $xy' + y = 2x,\ y(1) = 2$ 답 $y = x - \frac{1}{x}$

29. $y' + y = f(x),\ f(x) = \begin{cases} 1, & 0 \le x \le 1 \\ 0, & x > 1 \end{cases}$, 초기값 $y(0) = 0$을 만족하는 연속인 해를 구하시오 답 $y = \begin{cases} 1 - e^{-x} & , 0 \le x \le 1 \\ (e-1)e^{-x}, & x > 1 \end{cases}$

30. Picard 반복법을 이용하여 다음 초기값 미분방정식

$$y' = y - 1\ ,\ y(0) = 2$$

의 해를 구하시오.

힌트 $y_n = 2 + \int_0^x (y_{n-1}(t) - 1)\,dt$

답 $y_n(x) = 1 + \sum_{k=0}^{n} \frac{1}{k!} x^k$로부터 $y(x) = 1 + e^x$

[참고] Ricatti 미분방정식

1계 비선형 미분방정식

$$y' = p(x) + q(x)y + r(x)y^2 \qquad \cdots (1)$$

을 리카티 **Ricatti** 미분방정식이라 부른다. 방정식의 첫 번째 해를 y_1이 주어졌다면 치환

$$y = y_1 + u$$

을 하면 u에 대하여

$$\frac{du}{dx} - (q + 2ry_1)u = ru^2 \qquad \cdots (2)$$

$n=2$일 때의 **베르누이방정식 Bernoulli** 이 된다. 따라서 u^2으로 나누고 $w = \frac{1}{u}$로 다시 치환하면 1계 선형

$$\frac{dw}{dx} + (q + 2ry_1)w = -r \qquad \cdots (3)$$

이 되어 앞에서 소개한 풀이법을 적용하면 된다. 간단하므로 연습으로 남기기로 한다.

예제 $y' = 2 - 2xy + y^2$을 풀어 보자.

풀이

$y_1 = 2x$는 주어진 방정식의 해가 됨을 쉽게 알 수 있다. 구하는 일반해는 $y = y_1 + u$의 꼴이다. 이제 앞에서 $p=2$, $q=-2x$, 그리고 $r=1$인 경우이다. 앞 과정의 (3)을 풀어보면

$$\frac{dw}{dx} + (-2x + 4x)w = -1, \text{ 즉 } \frac{dw}{dx} + 2xw = -1$$

적분인자 e^{x^2}를 양변에 곱하여 정리하면

$$\frac{d}{dx}\left(e^{x^2} w\right) = -e^{x^2}$$

따라서

$$e^{x^2} w = -\int_{x_0}^{x} e^{t^2} dt + c$$

로 쓸 수 있다. 즉,

$$e^{x^2}\left(\frac{1}{u}\right) = -\int_{x_0}^{x} e^{t^2} dt + c$$

이므로

$$u = \frac{e^{x^2}}{c - \int_{x_0}^{x} e^{t^2} dt}$$

구하는 해는 $y = 2x + u$ □

미분방정식
微分方程式
DIFFERENTIAL
EQUATION

1계 미분방정식의 응용 2

2.1 직교곡선군

주어진 곡선족과 교차점에서 항상 직교하는 곡선족을 주어진 곡선족에 대한 직교곡선군 **orthogonal trajectories** 이라 한다. 따라서 구하는 곡선군의 접선벡터 $\frac{dy}{dx}$ 와 주어진 곡선군의 접선벡터 $\left(\frac{dy}{dx}\right)_g$ 에 대하여

$$\frac{dy}{dx} = -\frac{1}{\left(\frac{dy}{dx}\right)_g}$$

를 만족하는 미분방정식이 된다.

예제 곡선족 $y^2 = cx^3$ 의 직교곡선군을 구하여 보자.

풀이

구하는 직교곡선군에 대하여

$$\frac{dy}{dx} = -\frac{1}{\left(\frac{dy}{dx}\right)_g} = -\frac{1}{\left(\frac{2y}{3cx^2}\right)} = c\,\frac{3x^2}{2y}$$

$$= \left(\frac{y^2}{x^3}\right)\frac{3x^2}{2y}$$

간단히

$$\frac{dy}{dx} = -\frac{2x}{3y}$$

이므로 구하는 해는

$$2x^2 + 3y^2 = c$$ □

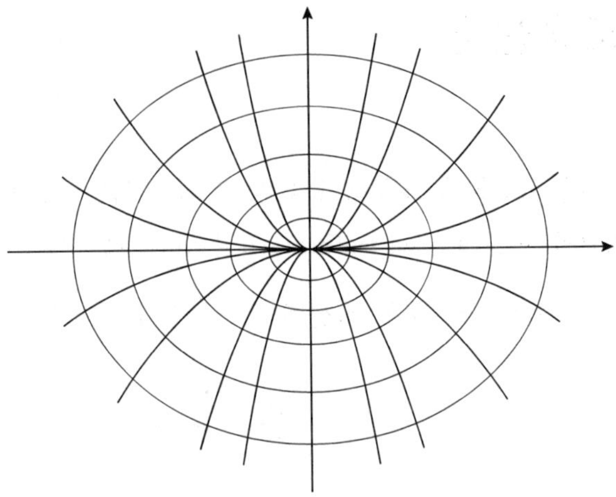

2.2 등위곡선과 작용선

벡터장 $F(x, y) = (P(x, y), Q(x, y))$가 어떤 힘의 장을 나타낸다고 할 때 미분방정식

$$\frac{dy}{dx} = \frac{Q}{P} \qquad \cdots (1)$$

의 해곡선은 힘의 작용선 flow lines 을 나타내게 된다. 따라서 미분방정식

$$\frac{dy}{dx} = -\frac{P}{Q} \qquad \cdots (2)$$

는 **직교궤적** orthogonal trajectories 이 되는데, 이는 위치에너지 potential 함수의 **등-포텐셜 곡선족** equi-potential 이 된다.

왜냐하면, 벡터장 F의 포텐셜 함수 φ는 $F = \nabla\varphi$, 즉

$$P = \frac{\partial\varphi}{\partial x}, \quad Q = \frac{\partial\varphi}{\partial y}$$

이므로 (2)를

$$P\,dx + Q\,dy = 0 \qquad \cdots (3)$$

로 쓰면

$$\frac{\partial\varphi}{\partial x}dx + \frac{\partial\varphi}{\partial y}dy = 0$$

즉,

$$d\varphi = 0$$

가 되어 (2)의 일반해는

$$\varphi(x, y) = c \qquad \cdots (4)$$

이것은 등-포텐셜 곡선족을 나타내기 때문이다.

예제 힘의 장 $F(x, y) = \left(-\frac{1}{r^2}\frac{x}{r}, -\frac{1}{r^2}\frac{y}{r}\right)$에 대한 힘의 작용선과 등-포텐셜 곡선을 알아보자.

풀이

힘의 작용선은

$$\frac{dy}{dx} = \frac{-\frac{1}{r^2}\frac{y}{r}}{-\frac{1}{r^2}\frac{x}{r}} = \frac{y}{x}$$

이므로 간단히

$$-y\,dx + x\,dy = 0 \qquad \cdots (5)$$

이므로

$$-\frac{y}{x^2}\,dx + \frac{1}{x}\,dy = 0$$

즉,

$$d\left(\frac{y}{x}\right) = 0$$

$$y = cx$$

가 되어 힘의 작용선은 원점 지나는 직선족임을 알 수 있다. 따라서 직교궤적인 동심원족은 등-포텐셜 곡선이 된다. 실제로

$$\frac{dy}{dx} = -\frac{-\frac{1}{r^2}\frac{x}{r}}{-\frac{1}{r^2}\frac{y}{r}} = -\frac{x}{y}$$

즉,

$$x\,dx + y\,dy = 0 \qquad \cdots (6)$$

이것을 풀면

$$x^2 + y^2 = d$$

□

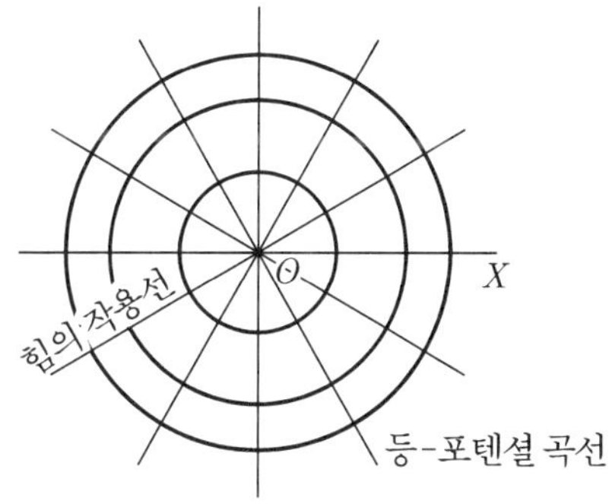
O
X
힘의 작용선
등-포텐셜 곡선

2.3 벡터장과 적분곡선

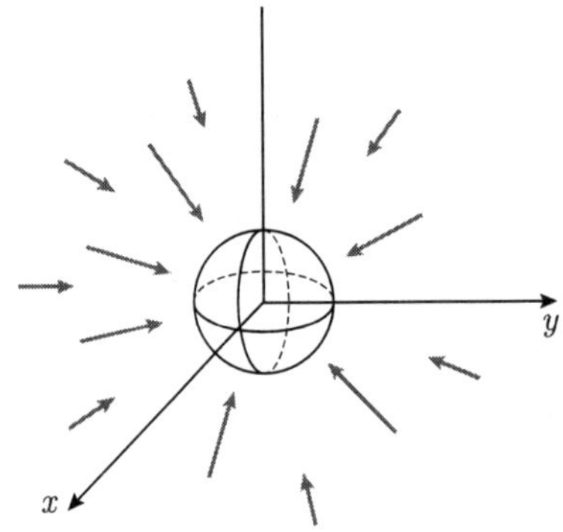

$$F(x,\ y,\ z) = -\frac{GmM}{r^3}\vec{r}$$

벡터장 *a vector field*

벡터 함수의 중요한 예로 벡터장을 들 수 있다. 벡터장 $F(x,\ y) = P(x,\ y)i + Q(x,\ y)j$는

$$F:\ (x,\ y) \mapsto (P,\ Q)$$

의 대응을 강조한 표현이므로, 각 점 $(x,\ y)$에서 벡터 $Pi + Qj$를 화살표로 나타내면 평면 R^2에 화살표가 하나의 패턴으로 나타난다. 공간 R^3에서도 마찬가지이다. 따라서 속도 벡터, 가속도 벡터, 힘($force$) 등을 나타내는데 편리하므로 고전 역학, 유체 역학, 전·자기학 등에서 벡터장을 다룬다.

예제 벡터장 $F(x,\ y) = x\,i$

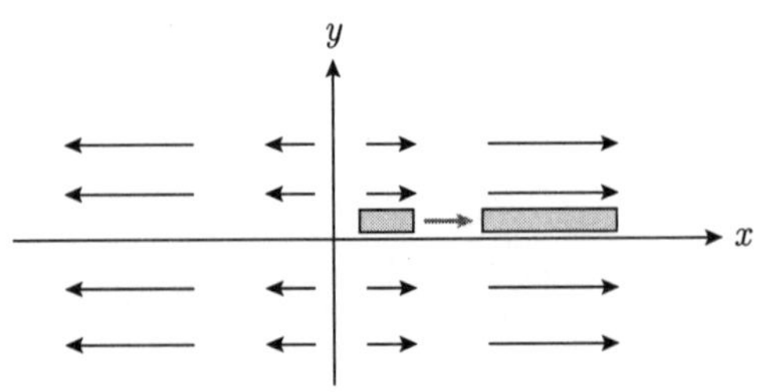

예제 벡터장 $F(x,\ y) = x\,i + y\,j$

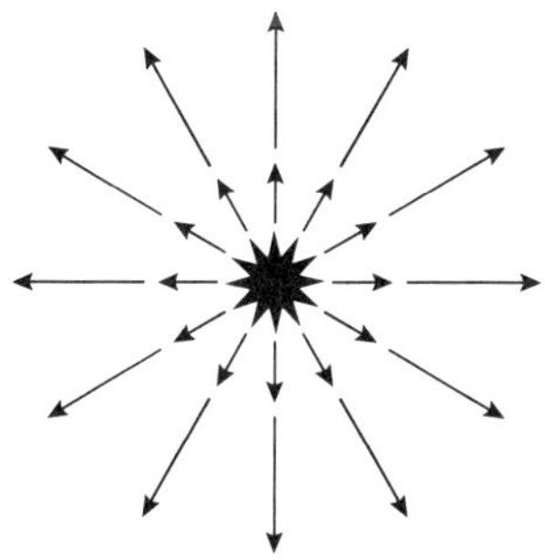

예제 벡터장 $F(x,\ y) = -x\,i - y\,j$

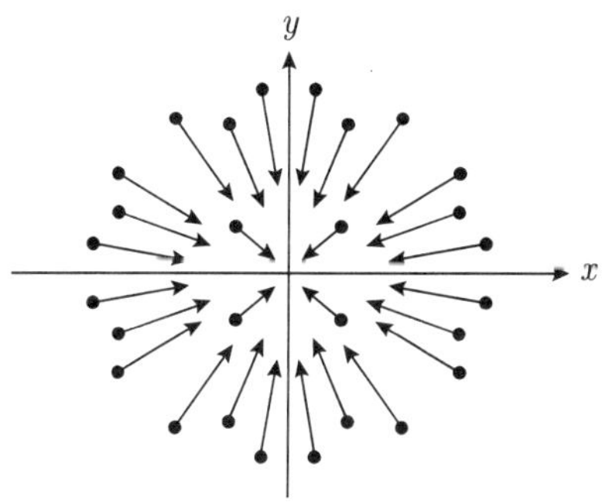

예제 벡터장 $F(x,\ y) = (2x)\,i + y\,j$

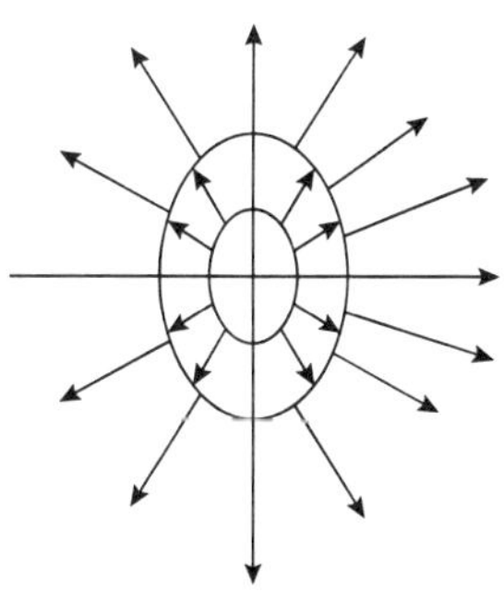

예제 벡터장 $F(x,\ y) = -\dfrac{x}{x^2+y^2}i - \dfrac{y}{x^2+y^2}j$

풀이

공간의 예로 바꾸어

$$F(x,\ y,\ z) = -\frac{x}{x^2+y^2+z^2}i - \frac{y}{x^2+y^2+z^2}j - \frac{z}{x^2+y^2+z^2}k$$

를 생각하면 이것을 평면 $z=0$ (xy 평면)으로 자른 그림이 된다.

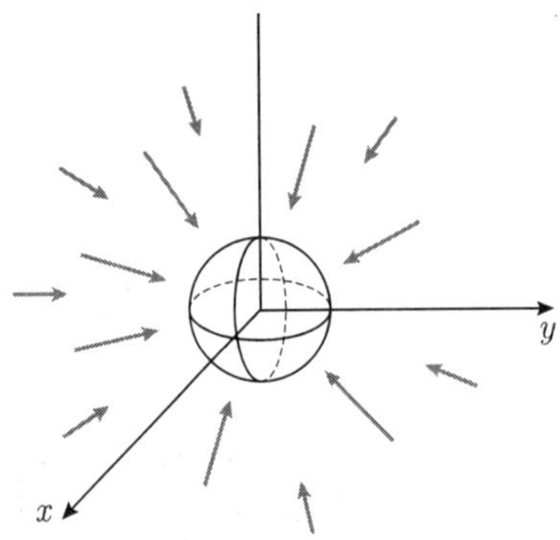

앞 예제의 벡터장을 간단히 벡터기호로 쓰면 $F= -\dfrac{1}{r^2}\vec{r}$로 위치벡터에 비례(즉, $F \propto \vec{r}$)로 방향은 구심적이고,

$$\| F \| = \frac{1}{r^2} \| \vec{r} \| = \frac{1}{r^2} r = \frac{1}{r}$$

로 크기는 거리에 반비례하는 벡터장이다. 이는 <u>중력의 법칙</u>에 따른 구심력을 나타내는 벡터장 $F(x,\ y,\ z) = -\dfrac{GmM}{r^3}\vec{r}$과 유사한 것으로, 중력에 따른 구심력의 크기는

$$\| F \| = \frac{GmM}{r^3} \| \vec{r} \| = \frac{GmM}{r^3} r = GmM \frac{1}{r^2}$$

로 거리제곱에 반비례함을 알 수 있다.[1)] □

---

1) 중력의 법칙을 거리 역제곱법칙이라고도 한다.

예제 벡터장 $F(x, y) = x\,i - y\,j$의 화살표 그림을 그려보자.

풀이

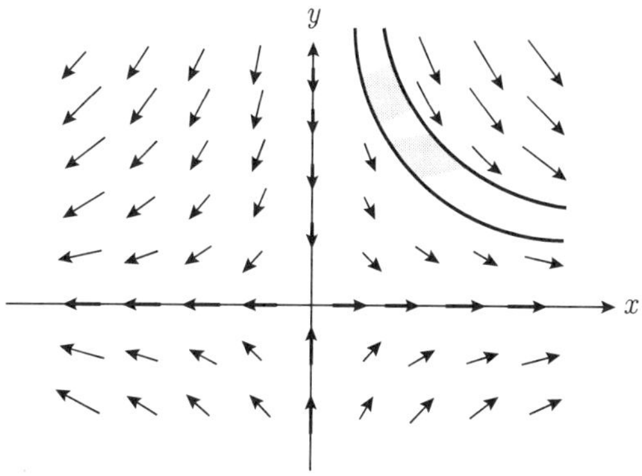

예제 벡터장 $F(x, y) = -y\,i + x\,j$의 화살표 그림을 그려보자.

풀이

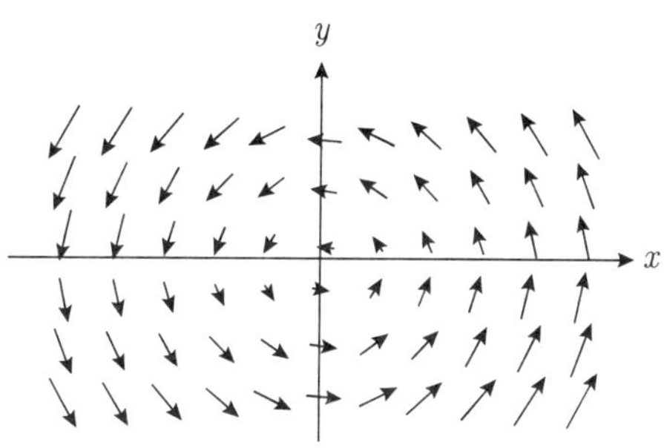

벡터장의 크기는 $\|F\| = \sqrt{(-y)^2 + x^2}$ 로 원점에 가까울수록 크기가 작아짐을 주의한다. □

적분곡선

(연립) 미분방정식

$$r'(t) = F(r(t))$$

를 만족하는 곡선 $r(t)$를 벡터장 F의 적분곡선을 나타내게 된다.2)

2) 벡터장의 작용선(flow lines)이라 하기도 한다. (주의) 여기서 $r(t)$는 앞 $\vec{r}$로 쓰인 것이다.

정의 벡터장 F의 적분곡선

$$r'(t) = F(r(t))$$

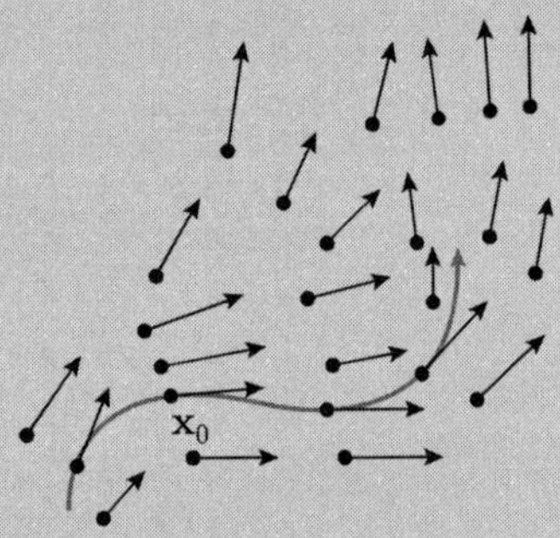

예제 벡터장 $F(x,\ y) = (-y)i + x\,j$의 적분곡선을 구하자.

풀이

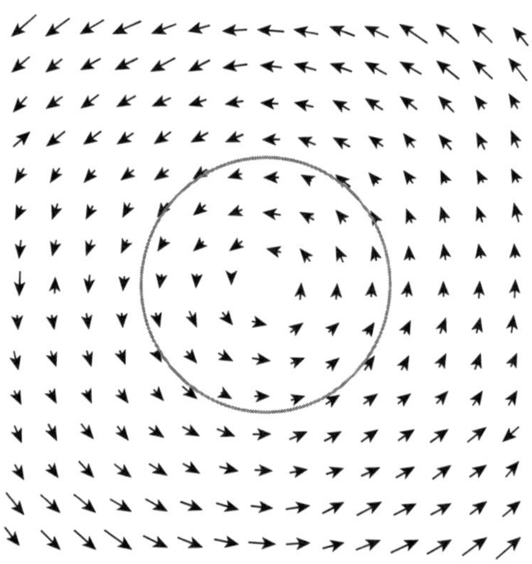

$r(t) = (x(t),\ y(t))$로 쓰면 적분곡선은

$$x' = -y$$
$$y' = x$$

이므로 벡터장 F의 적분곡선

$$x = c\ \cos t$$

$$y = c\ sin\ t,\ c \in R$$

으로 원점을 중심으로 하는 동심원들이다.[3) □

벡터장 $F(x,\ y) = (sin\ y)i + (x^2 - y)j$에 대한 적분 곡선은 컴퓨터 그래픽으로 다음과 같다.

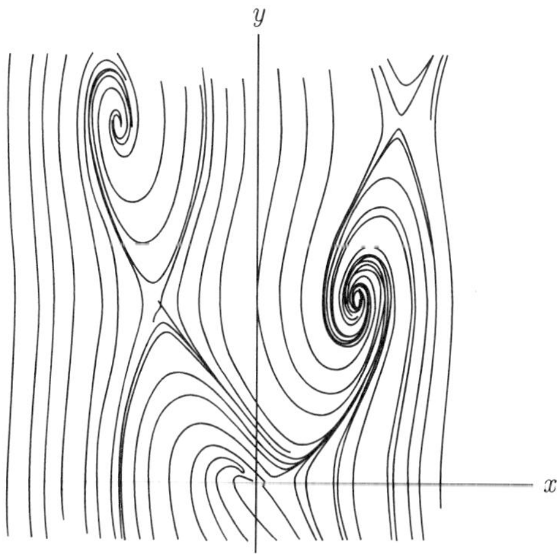

3) 초보적으로는 한 변수를 소거하여 풀면 된다(연립 미분방정식 단원 참조). 간단히 $\frac{dy}{dx} = -\frac{x}{y}$ (분리형).

2.4 두 가지 증감 현상

자연이나 사회의 가장 보편적인 현상은

"어떤 양의 변화량이 현재의 양에 비례"

하는 것을 알 수 있다. 이것은 간단한 미분방정식

$$y' = ky \quad (k\text{는 비례상수})$$

형태로 나타나는 것이다. 여기서 $k>0$인 경우는 지수적 증가, $k<0$일 때는 지수적 감소 현상이다. 한편, 인구의 증가를 예측하기 위한 모델은 좀 더 정교한 증가 현상을 나타내기 위한 것으로

$$P' = kP(L-P)$$

이다. 여기서

$P(t)$는 시간에 따른 인구수,
L은 (수용)한계 인구수[4)]

를 나타낸다. 즉, 인구 증가율은 단지 현재 인구수에 비례하는 것이 아니라, 실제로는 수용한계 인구수에 가까워질수록, $(L-P) \to 0$가 되어 증가율이 급격히 둔화된다. 그 해의 그래프를 보면 수용한계 인구수를 점근선으로 하는 $S-$**자 형태**의 곡선을 그리는데, 이것을 **로지스틱 곡선**(*Logistic Curve*)이라 한다. 이와 같이 증감 현상을 다룰 때 실제 현상에 알 맞는 수학적 모델을 찾아야하는 것이다. 첫 번째 예는 **지수적 증감**, 두 번째 예는 **로지스틱 증가**라 한다. 그 수학적 모델은 미분을 포함하는 등식, 즉 미분방정식들로 나타나는데, 구하고자 하는 미지수(해)는 등식을 만족하게 되는 함수이다.

4) 한 도시가 여러 가지 환경적 여건으로 허용할 수 있는 한계 인구수를 뜻한다.

A 지수적 증감

변화율이 현재의 양에 비례하는 자연 현상이나 사회 현상은 가장 기본적인 현상이다. 이를테면, 박테리아의 증식, 방사능 물질의 자연 붕괴, 화학 반응 등 수많은 현상들이 이에 속하는 예이다. 임의의 양 q의 시간에 따른 변화는 미분방정식

$$\frac{dq}{dt} = kq \qquad \cdots (1)$$

으로 나타나는데, 그 해는

$$q = ce^{kt} \qquad \cdots (2)$$

로 지수적 증가, 또는 감소를 나타내게 된다. 여기서 k는 비례상수로써 각 현상에 대하여 따른 고유한 값으로 실험 데이터 등으로 주어지는 것이다. 한편 상수 c는 파라미터 **parameter** 로 초기값 $q(0) = q_0$으로 결정되는 것이다.

뉴턴의 냉각 법칙 Newton's Cooling Law

케이크를 오븐에서 꺼내어 상온에 두게 되면 그 온도 $T(t)$의 변화율이 자신의 현재 온도에 비례하는 모델

$$T' = kT$$

보다는 **자신과 주위 매질의 온도차** $(T - T_m)$에 비례하는 것이 보다 실제에 가까운 모델링이다. 이것을 뉴턴의 냉각법칙 **Newton's cooling law** 이라 한다. 즉,

$$T' = k\,(T - T_m) \qquad \cdots (3)$$

단, 감소 현상이므로 $k < 0$이다. 우리는 실험 측정치 두 개로 비례상수 k 값을 알아낼 수 있다.

예제 케이크를 오븐에서 꺼냈을 때 온도가 $300°F$. 그리고 3분 후 온도가 $200°F$ 일 때 케이크의 온도가 실온 $70°F$와 같아지는 데 몇 분이 소요될까?

풀이

실온 $T_m = 70$이고

$$\frac{dT}{dt} = k(T-70),\ \ T(0) = 300,$$

한편 실험데이터는 $T(3) = 200$. 변수분리형으로

$$\frac{1}{T-70}\,dT = k\,dt$$

$$T = 70 + c\,e^{kt}$$

초기값 $T(0) = 300$으로부터 $c = 230$. 따라서 $T = 70 + 230\,e^{kt}$. 한편 실험데이터 $T(3) = 200$으로부터 $k = \frac{1}{3}ln\,\frac{13}{23}$ (≈ -0.19). 그러므로 구하는 해는

$$T = 70 + 230\,e^{(\frac{1}{3}ln\frac{13}{23})\,t}$$ □

B. 로지스틱 logistic 증가

인구 $P(t)$의 변화가 지수적 증가 모델로 나타난다는 것이 **맬서스** Malthus **법칙**이다. 그러나 인구 집단 자체가 클 때, 인구 증가를 나타내는 정확한 모델이 되지 못하다. 공해와 같은 환경적 요인과 연료에 대한 경쟁적인 수요를 포함하는 조건 등은 인구 증가 억제 요인이 되는 것이다. 1840년경 벨기에 **수리 생물학자 베르헐스트** Verhulst는 좀 더 정교한 모델

$$\frac{dP}{dt} = P(a-bP) \qquad \cdots (4)$$

을 얻었다. 이것을 **로지스틱 방정식** logistic equation이라 하고, 그 해가 나타내는 S자 형태의 곡선을 **로지스틱 곡선** logistic curve이라 한다. 이 모델은 종에 따라서는 그 개체수 변화를 예측하는 아주 정확한 것으로 알려져 있다.

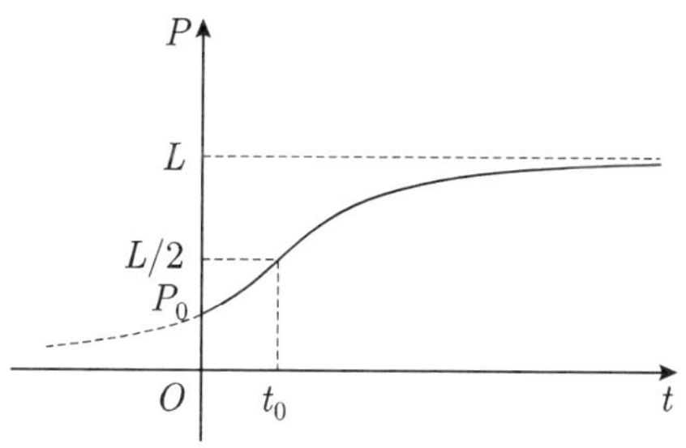

$$P' = kP(L-P)$$

인구 모형

도시 과밀화 조건은 생태 환경 이를테면, 공해, 연료, 식량의 문제를 발생시키므로 개체 수 변화에 영향을 주게 된다. 한 도시가 제공하는 환경적 요인의 한계성으로 인하여 인구성장은 억제되는 효과가 나타난다. 1840년 벨기에 수학자이며 생물학자인 Verhulst는 인구를 예측할 수 있는 모델에 관심을 가지고 연구하여 정교한 예측모델은 다음과 같음을 알았다.

$$(\text{탄생률}) = a$$
$$(\text{평균 사망률}) = bP \quad (b > 0)$$ [5]

하면, $\frac{1}{P}\frac{dP}{dt}$ 즉, 개인당 증가율

(개인당 증가율) = (평균 탄생률) − (평균 사망률)

이 된다는 것이다. 또, 기준 시점에서 인구수를 측정하면 초기값 조건 $P(0) = P_0$을 알 수 있다. 따라서 정리하면 다음과 같은 미분방정식을 얻는다.

$$\frac{dP}{dt} = P(a - bP), \quad a,\ b > 0$$

5) 탄생률은 일정하다고 가정하고, 평균 사망률은 개체 수에 비례함을 가정

예제 (인구 증가 모델)

$$\frac{dP}{dt} = P(a - bP),\ a,\ b > 0$$

을 풀어 보자.6)

풀이 ---

변수분리형으로 다음과 같이 쓸 수 있다.

$$\left(\frac{1}{a}\frac{1}{P} + \frac{b}{a}\cdot\frac{1}{a - bP}\right)dP = dt$$

각각 적분하여 정리하면

$$ln\left|\frac{P}{a - bP}\right| = at + C$$

즉

$$\frac{P}{a - bP} = \pm e^{C}\cdot e^{at} = C_1 e^{at}$$

P에 대해 정리하면 일반해

$$P(t) = \frac{aC_1 e^{at}}{1 + bC_1 e^{at}} = \frac{aC_1}{bC_1 + e^{-at}} \qquad \cdots (1)$$

초기값 $P(0) = P_0$로부터 $C_1 = \dfrac{P_0}{a - bP_0}$. 따라서 주어진 초기값 문제의 해는

$$P(t) = \frac{aP_0}{bP_0 + (a - bP_0)e^{-at}} \qquad \cdots (2)$$

□

예제 시간 t 단위를 (월)단위로 한 도시근교의 인구수 모델에서 $a = 10^{-1}$, $b = 10^{-7}$, 그리고 $P(0) = 5{,}000$일 때, 인구수의 극한값을 구하자.

---

6) 이것을 로지스틱 **logistic** 방정식이라 하며, 그 해의 그래프를 로지스틱 곡선이라 하는데 대체로 S자형 곡선이다.

풀이

인구 모형에 대한 초기값 미분방정식의 특별해의 형태에서 인구수는

$$P(t) = \frac{10^{-1}(5,000)}{10^{-7}(5,000) + \left[10^{-1} - 10^{-7}(5,000)\right]e^{-\frac{t}{10}}}$$

따라서

$$\lim_{t \to \infty} P(t) = \frac{10^{-1}(5,000)}{10^{-7}(5,000)} = 10^{6}$$ □

이 값은 그 도시의 포화 상태 인구수로, 도시 인구 **수용한계**(Carrying Capacity)라고 한다. 이 예측이 정확한 모델이라면, 이를테면 수용한계 값이 절반이 되는 시점도 계산으로 예측할 수 있게 된다.

연습문제

직교곡선족

1. 곡선족 $y=\dfrac{c}{x}$에 대한 직교곡선족을 구하시오.

답 $y^2-x^2=c$

2. 곡선족 $y=\dfrac{cx}{1+x}$에 대한 직교곡선족을 구하시오.

답 $3y^2+3x^2+2x^3=c$

지수적 증가

3. 박테리아 세균의 초기량은 N_0이다. 시각 $t=1$에서의 박테리아 수가 $\dfrac{3}{2}N_0$일 때 번식률이 현재 개체수에 비례한다면, 3배의 박테리아로 번식하는데 걸리는 시간을 구하시오.

답 $t=\dfrac{1}{0.4055}\ ln\ 3(\approx 2.71)$

4. 케이크를 오븐에서 꺼냈을 때 온도가 $300°F$이다. 그리고 3분 후의 온도는 $200°F$이다. 케이크의 온도 $T(t)$를 구하시오.

답 $T(t)=70+e^{\left(\frac{1}{3}ln\frac{13}{23}\right)t}$

5. 공기저항을 받아 떨어지는 질량 m의 속도 v의 지배를 받는 미분방정식을 순간속도의 제곱에 비례하는 식으로 나타내면 다음과 같다.

$$m\frac{dv}{dt}=mg-kv^2$$

여기서 $k>0$ 비례상수이고, 아래쪽이 양의 방향이다. 초기조건 $v(0)=v_0$

의 영향을 받는 이 방정식의 해를 구하시오. 또 속도의 극한값을 구하시오.

답 $v(t)=\sqrt{\frac{mg}{k}}\,tanh\left(\sqrt{\frac{mg}{k}}\,t+c_1\right)$,

여기서 $c_1=tanh^{-1}\left(\frac{\sqrt{k}\,v_0}{\sqrt{mg}}\right)$, $\lim_{t\to\infty} v(t)=\sqrt{\frac{mg}{k}}$

6. 수직빔이 투명물질을 통과할 때, 빛의 세기 $I(t)$가 감소하는 속도는 $I(t)$에 비례한다. 단, t는 피트 **feet** 단위로 매질의 두께를 나타낸다. 깨끗한 바닷물에서는 수면 3피트 아래의 세기가 초기 입사 수직빔의 세기 I_0의 25%가 된다. $I(t)$의 식을 구하고, 수면 15피트 아래의 세기를 구하시오.

답 $I(t)=I_0 e^{(\frac{1}{3}ln 0.25)t}$, $I(15)=0.00098\,I_0$

로지스틱 증가

7. 학생수 1,000명인 어느 학교에 감기 걸린 학생 한 명이 있다고 하자. 감기가 전염되는 속도는 감기 걸린 학생수 $x(t)$에 비례하고 동시에 아직 전염 안 된 학생수에도 비례한다고 한다. 4일 지나서 감기 걸린 학생수를 조사하니 $x(4)=50$이었다고 한다. 6일째 되는 날 감기 걸린 학생수를 구하시오.

답 276명

8. 다음은 초기값이 주어진 대도시 근교의 인구의 수 $P(t)$의 모델이다.

$$\frac{dP}{dt}=P(10^{-1}-10^{-7}P),\ \ P(0)=5,000$$

여기서 t는 월단위로 측정된다. 인구의 수의 극한값을 구하시오.

답 $\lim_{t\to\infty} P(t)=10^6$

9. 특수한 광고의 영향을 받는 어떤 사회의 인구 수 $N(t)$는 로지스틱 방정식

$$\frac{dN}{dt} = N(a - bN)$$

에 지배된다. 초기값이 $N(0) = 500$이면 $N(1) = 1,000$이다. 그 사회에서 광고를 보는 사람의 수를 50,000명으로 제한했을 때, $N(t)$의 식을 구하시오.

힌트 $\lim_{t \to \infty} N(t) = \frac{a}{b}$ **답** $N(t) = \frac{50,000}{1 + 99\, e^{-0.7033t}}$

10. 벡터장 $F(x, y) = (2x)\,i + y\,j$의 화살표 그림은 다음과 같다. 그 적분곡선을 그리시오.

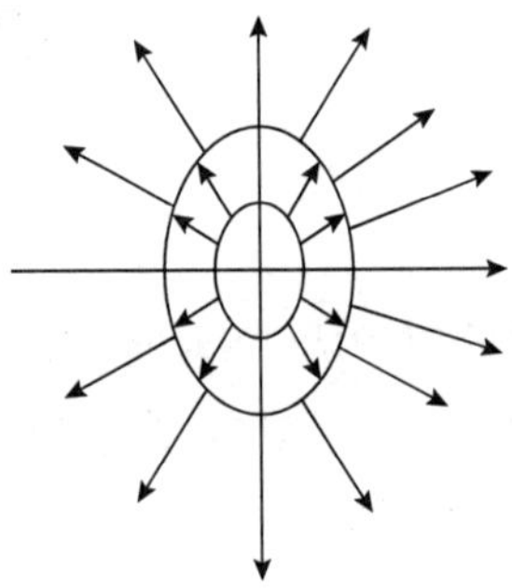

11. $\frac{dP}{dt} = P(a - bP)$를 Bernoulli 미분방정식을 고쳐 써보시오.

미분방정식
微分方程式
DIFFERENTIAL
EQUATION

고계 선형 미분방정식 3

3.1 2차도함수와 미분방정식

도함수의 중요한 개념은 곡선의 접선의 기울기 뿐 아니라, 더욱 중요한 의미는 자연과학이나 사회과학에서 어떤 양들의 변화율 **a rate of change** 에 있다. 뉴턴이 유량 **fluent quantity** 이라는 표현을 사용한 것을 보아도 이러한 관점에서 미분에 관심을 가졌던 것을 알 수 있다. 이를테면, 시간 t에 따른 위치 변화율은 속도 **velocity** 를 나타내는 것이다. 그리고 속도의 변화율이 가속도 **acceleration** 라 부르는 것이다.

속도와 가속도는 움직이는 물체의 위치를 예측하는 데 중요하게 쓰인다. 이를테면, 자유낙하하는 물체의 가속도 $g=9.8\,\mathrm{m/s^2}$(상수)라는 갈릴레오 **Galileo** 의 발견으로부터 물체의 위치 함수 $f(t)$라 할 때 $a=f''(t)=g$이므로 $f(t)=\frac{1}{2}g\,t^2$임을 예측할 수 있게 되는 것이다.

곡선 $y=f(x)$의 기울기 $f'(x)$의 변화율을 나타내는 이계 **order 2** 도함수 $f''(x)$는 해석 기하에서 매우 중요한 역할을 한다. 왜냐하면, 곡선의 굽은 정도를 말해주기 때문이다. 이계도함수의 부호는 곡선의 오목 형태를 말해주기 때문이다.

한편 이계도함수는 그 곡선이 얼마나 휘어지는지를 말해주는 것이다. 곡선의 길이 s에 대하여 곡선 기울기 ψ의 변화율 $\psi'(s)$는 곡선의 휜 정도인 곡률 **a curvature** 을 말해준다. 기호 κ로 쓴다. 즉, $\kappa=\psi'(s)$. 곡선 $y=f(x)$에 대한 곡률

$$\kappa=\frac{f''(x)}{\left(1+\left(f'(x)\right)^2\right)^{\frac{3}{2}}}$$

임을 알 수 있다.

곡률이 실제에 응용되는 경우는 많지만, 다음 예로 간단히 나타내 보기로

한다. 이를테면, $f(x)$가 강철의 위치를 나타낼 때, 강철을 휘는 경우 강철의 탄성으로 인한 복원력(다시 돌아가려는 힘)도 크게 된다. 따라서 탄성이 강한 강판으로 선박 등의 구조물을 짓게 되면 그 구조물 자체의 안정도에 문제가 생기므로, 강판이 갖는 탄성에너지

$$T(f) = \int \kappa^2\, ds = \int_a^b \frac{(f''(s))^2}{\left(1+(f'(s))^2\right)^{\frac{5}{2}}}\, dx$$

를 최소화하도록 설계하여야 하는데, 이는 주어진 조건 $f \in K$ 하에

$$Min_{f \in K} \quad T(f)$$

인 함수 $f(x)$를 결정하는 문제가 되어, 이는 주어진 조건하에서 만들 수 있는 선박의 외형곡선의 휜 정도(곡률)를 결정짓는 것이 되는 것이다.

자유낙하 운동

갈릴레오는 자유낙하 물체의 가속도는 $g = -9.8\,(\mathrm{m/s^2})$로 일정함을 발견한 것이다. 미적분을 이용하면 자유낙하하는 물체의 위치를 예측 가능하게 된다. 실제로 물체의 수직 높이를 $y(t)$라 하면,

$$y'' = -9.8$$

로 매우 간단한 미분방정식으로 나타나게 되어, 우리는 단순히 적분을 반복하면 자유낙하 물체의 위치 함수 $y(t)$를 구할 수 있어 운동의 예측이 가능한 것이다.

전선줄이 만드는 현수선

두 전봇대 사이에 걸쳐있는 전선줄은 장력 **a tension** 과 중력 **gravity** 으로 인하여 그 형태가 현수선 **catenary** 의 형태로 나타나게 된다. 전선의 수직 위치 함수 $y(x)$는

$$\frac{d^2y}{dx^2} = \frac{w}{T_1}\sqrt{1+\left(\frac{dy}{dx}\right)^2}$$

여기서 w는 단위 길이당 전선의 무게, T_1은 전선의 장력을 나타낸다. 이 미분방정식을 풀면, $y(x)$는 실제로 현수선의 식을 나타나게 된다.

용수철의 자유(무감쇠)운동

스프링(용수철)은 그 길이 x만큼 복원력을 받는다. 즉,

$$f(x) = kx$$

이것이 Hooke **법칙**이다. 여기서 상수 k는 각 용수철의 특징을 나타내는 비례상수이므로 용수철 상수라 하기도 한다. 이 용수철에 질량 m인 물체를 매달어 길이 s만큼 늘어났다면 그 무게 W와 복원력 $f(x) = ks$가 일치하는 평형점에 도달한다. 따라서 **평형조건**은

$$mg = ks$$

이다. 평형 위치에서 아래로 끌어 내렸다가 놓아주면 뉴턴 2법칙에 따라 힘 $F = ma$ (가속도 $a = x''$)로 주어진다. $mg = kx$이므로, 다른 **외부힘(감쇠력)**이 없는 경우라면, **자유운동** **free motion**을 하게 되어

$$mx'' = -k(s+x) + mg = -kx \qquad \cdots (1)$$

즉, $$\frac{d^2x}{dt^2} + \left(\frac{k}{m}\right)x = 0 \qquad \cdots (2)$$

$\omega^2 = \dfrac{k}{m}$으로 쓰면

$$\frac{d^2x}{dt^2} + \omega^2 x = 0 \qquad \cdots (3)$$

방정식 (3)은 **단순조화운동** **simple harmonic motion**, 또는 **자유(무감쇠)운동** **free motion**을 나타낸다.

용수철 감쇠운동

스프링에 질량 m이 달려 있을 때 적어도 주위의 매질이 완전 진공이 아니면 **저항력**이 존재하게 된다. 역학에서는 물체에 작용하는 **감쇠력**은 순간속도에 비례하게 된다. 그 외의 다른 외부 힘이 가해지지 않는다면 마찬가지로 뉴턴의 2법칙으로부터

$$mx'' = -kx - \beta x' \qquad \cdots (5)$$

여기서 β는 감쇠상수이며, 부호 "−"는 운동 반대 방향으로 작용한다는 뜻이다. 즉, $2\lambda = \dfrac{\beta}{m}$로 쓰면

$$x'' + 2\lambda x' + w^2 x = 0 \qquad \cdots (6)$$

는 자유감쇠운동의 미분방정식이다.

풀이 과정에서 $\lambda^2 - \omega^2$의 부호에 따라 3가지 경우로 나누어진다.

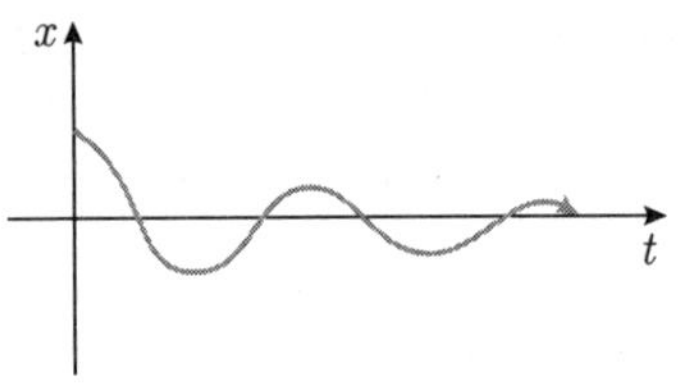

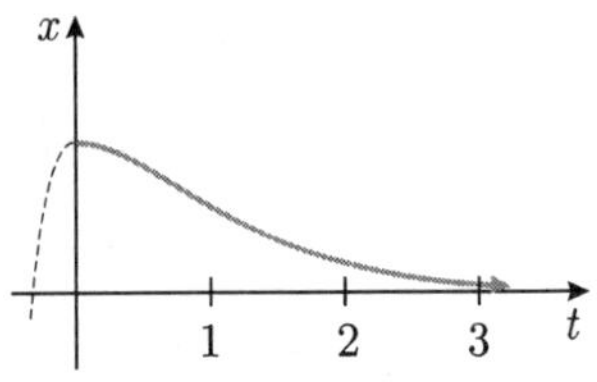

특히 $\lambda^2 - \omega^2 < 0$인 감쇠상수가 스프링상수보다 작은 경우로 **부족감쇠**라 하는데 그림에서 보는 것처럼 $x(t) \to 0$가 되는 것을 알 수 있다.

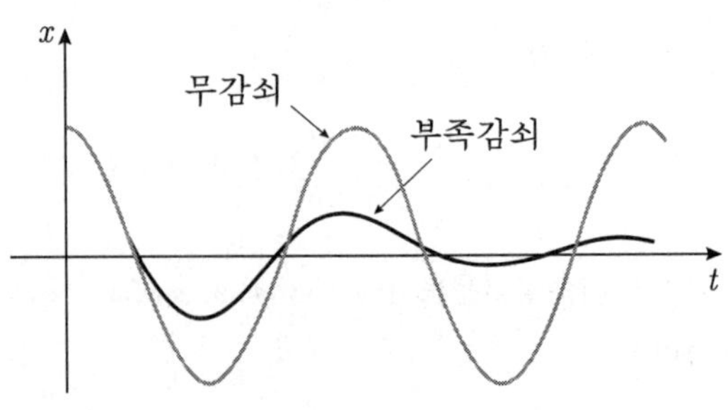

용수철 강제운동

스프링에서 진동하는 물체에 외부힘 $f(t)$를 작용시키는 경우에 해당한다. 이때 외부힘 $f(t)$는 스프링의 수직운동을 야기시키는 **구동력**이 된다. 따라서

$$mx'' = -kx - \beta x' + f(t) \qquad \cdots (7)$$

$F(t) = \dfrac{f(t)}{m}$ 으로 쓰면,

$$x'' + 2\lambda x' + w^2 x = F(t) \qquad \cdots (8)$$

는 스프링의 구동운동(강제운동)의 미분방정식을 나타낸다.

3.2 고계 선형 미분방정식

앞으로 소개할 내용은 모두 n계 선형 미분방정식

$$a_n(x)y^{(n)} + a_{n-1}(x)y^{(n-1)} + \cdots + a_1(x)y' + a_0(x)y = f(x)$$

의 경우로 일반화할 수 있다. 여기서는 2계 미분방정식이 중요한 부류이기도 하지만 기호를 간단히 하기 위하여 우리는 2계를 중심으로 진술한 것이다.

2계 선형 미분방정식

계수함수 a, b, c와 비제차항 함수 f가 구간 I상에서 모두 연속일 때, 2계 선형 미분방정식

$$a(x)y'' + b(x)y' + c(x)y = f(x) \qquad \cdots (1)$$

을 중심으로 논하기로 하자. 선두계수 $a(x) \neq 0$이면 각 항을 나누어

$$y'' + p(x)y' + q(x)y = r(x) \qquad \cdots (2)$$

으로 쓰기로 하자. 먼저 제차부분

$$y'' + p(x)y' + q(x)y = 0 \qquad \cdots (3)$$

을 다루기로 한다.

우선 선형 미분방정식의 **일반해를 구성하는 원리**를 소개하기로 하자. 다음 정리는 **중첩의 원리** Principle of super-position 라 한다. 이를테면, 두 해 $\cos x$, $\sin x$라 할 때 그 중첩파 $c_1 \cos x + c_2 \sin x$를 포함하게 된다.

정리

y_1, y_2가 구간 I에서 제차 선형 미분방정식 (3)의 임의의 두 해라고 하면, 임의의 상수 c_1, c_2일 때

$$y = c_1 y_1 + c_2 y_2$$

도 해가 된다.

증명

실제로 $y = c_1 y_1 + c_2 y_2$를 (3)에 직접 대입하여 정리하면

$$\begin{aligned}&(c_1 y_1 + c_2 y_2)'' + p(c_1 y_1 + c_2 y_2)' + q(c_1 y_1 + c_2 y_2)\\&= c_1(y_1'' + p y_1' + q y_1) + c_2(y_2'' + p y_2' + q y_2) = 0\end{aligned}$$ □

이는 (3)을

$$\left(\frac{d^2}{dx^2} + p\frac{d}{dx} + q\right)y = 0$$

간단히 $Ly = 0$

로 나타내면 **미분작용소** differential operator $L = \left(\frac{d^2}{dx^2} + p\frac{d}{dx} + q\right)$의 **선형성** linearity 을 뜻하는 것이다.[1)]

정의 **일차종속과 일차독립**

구간 I 내의 모든 $x \in I$에 대하여

$$c_1 f_1(x) + c_2 f_2(x) = 0$$

일 때, 동시에 0은 아닌 c_1, c_2가 존재하면 함수 f_1, f_2는 구간 I 상에서 **일차종속**이라 하고, 그렇지 않으면 **일차독립** linearly independent 이라 한다.

벡터에서의 정의와 차이가 있다면 독립 변수 $x \in I$에 대한 점을 주의한다. 함수 f, g의 일자독립성의 판별식은 **론스키안** Wronskian

$$W(f, g) = \begin{vmatrix} f & g \\ f' & g' \end{vmatrix}$$

이다.

1) 선형대수 linear Algebra 참조.

정리

> 개구간 I 상에서 함수 $y_1,\ y_2$가 제차 선형 미분방정식 (3)의 두 해일 때
>
> (1) 일차종속이면 $W(y_1,\ y_2) \equiv 0$ … (4)
>
> (2) 일차독립이면 $W(y_1,\ y_2)(x_0) \neq 0$, $x_0 \in I$ … (5)

증명

(1) 미분방정식 (3)의 두 해 $y_1,\ y_2$가 일차종속이라면, 동시에 0은 아닌 계수 $c_1,\ c_2$가 존재하여

$$c_1 y_1(x) + c_2 y_2(x) = 0,\ \ ^{\forall} x \in I$$

이것을 미분하면

$$c_1 y_1^{'} + c_2 y_2^{'} = 0$$

행렬을 이용하여 나타내면

$$\begin{pmatrix} y_1 & y_2 \\ y_1^{'} & y_2^{'} \end{pmatrix}\begin{pmatrix} c_1 \\ c_2 \end{pmatrix} = \begin{pmatrix} 0 \\ 0 \end{pmatrix},\ \ ^{\forall} x \in I$$

이 연립방정식은 모든 $x \in I$에 대해서 비자명 벡터해 $\begin{pmatrix} c_1 \\ c_2 \end{pmatrix} \neq \begin{pmatrix} 0 \\ 0 \end{pmatrix}$가 존재한다는 뜻이므로 계수행렬은 항상 비가역, 즉 그 행렬식은 항상 0. □

초기값 미분방정식의 다양한 형태에 대한 해의 존재성과 유일성 정리가 있다. 여기서는 다음 형태의 2계 선형 미분방정식의 초기값 문제에 대한 정리를 증명없이 소개하기로 한다.(참고문헌 참조)

정리 존재성과 유일성

> 다음 2계 선형 미분방정식의 초기값 문제
>
> $$y^{''} + p(x)y^{'} + q(x) = f(x) \qquad \cdots (6)$$
>
> $$y(x_0) = y_0,\ y^{'}(x_0) = y_1 \qquad \cdots (7)$$

는 계수함수 $p(x)$, $q(x)$와 비제차항 함수 f가 구간 I 상에서 모두 연속일 때, (6), (7)을 만족하는 유일한 해를 가진다.

(6)은 항상 일차 독립인 두 개의 해를 가진다. 왜냐하면 $a \in I$일 때 (6)에 대한 초기값 조건

$$y(a) = 1,\ y'(a) = 0 \qquad \cdots (8)$$

을 만족하는 하나의 해 y_1이 앞의 [존재성과 유일성 정리]에 따라 존재하게 된다. 마찬가지로

$$y(a) = 0,\ y'(a) = 1 \qquad \cdots (9)$$

를 만족하는 해 y_2가 존재하게 된다. 그런데

$$\begin{aligned} W(y_1,\ y_2)(a) &= \begin{vmatrix} y_1(a) & y_2(a) \\ y_1'(a) & y_2'(a) \end{vmatrix} \\ &= \begin{vmatrix} 1 & 0 \\ 0 & 1 \end{vmatrix} = 1(\neq 0) \end{aligned}$$

이므로 2계 선형 미분방정식 (6)에 대하여 항상 일차독립인 두 개의 해의 존재를 가정할 수 있게 된다.

다음은 제차 미분방정식 해의 구성 원리에 대한 기본 정리이다. 단원의 흐름을 끊지 않기 위하여 증명은 생략하기로 한다. (형식적 논증을 참고문헌) 존재성과 유일성에 대한 앞 정리와 그 해설을 이용한다.

정리　제차 미분방정식의 일반해

y_1, y_2를 개구간 I 상에서 제차 선형 미분방정식

$$a_2(x)y'' + a_1(x)y' + a_0(x)y = 0$$

의 일차독립인 두 개의 해라 하자. 그러면 일반해 y는 임의의 상수 c_1, c_2

에 대하여

$$y = c_1 y_1(x) + c_2 y_2(x)$$

다음은 비제차 미분방정식 해의 구성 원리에 대한 기본 정리이다. 그 증명은 간단하므로 달아 두기로 한다.

정리　비제차 미분방정식 일반해

y_p는 개구간 I 상에서 비제차 선형 미분방정식

$$a_2(x)y'' + a_1(x)y' + a_0(x)y = f(x) \qquad \cdots (10)$$

의 특별해라 하자. 한편 y_1, y_2를 제차 선형 미분방정식

$$a_2(x)y'' + a_1(x)y' + a_0(x)y = 0 \qquad \cdots (11)$$

의 일차독립인 두 개의 해라 하자. 그러면 (10)의 일반해 y는 임의의 상수 c_1, c_2에 대하여

$$y = c_1 y_1(x) + c_2 y_2(x) + y_p(x)$$

증명

미분작용소를 생각하여 (10)을 간단히 $Ly = f$로 쓰자. 이제 (10)의 일반해를 y라 하고, 함수 $y - y_p$를 (10)에 대입하면

$$L(y - y_p) = Ly - L y_p = f - f = 0$$

즉 $y - y_p$는 제차 미분방정식 (11)의 해이므로 앞 정리에 따라 임의의 상수 c_1, c_2에 대하여

$$y - y_p = c_1 y_1 + c_2 y_2$$ □

여기서

$$y = [\,c_1 y_1(x) + c_2 y_2(x)\,] + y_p(x)$$
$$= y_c + y_p$$

로 (11)의 일반해를 (10)에서는 특수해 y_p에 대한 **보조해** **Complementary Solution** 보고, 기호로 y_c로 나타낸 것이다.

3.3 상수계수 미분방정식

상수계수 제차 미분방정식

$$a_n y^{(n)} + a_{n-1} y^{(n-1)} + \cdots + a_1 y^{(1)} + a_0 y = 0 \qquad \cdots (1)$$

에 대하여 시험해 **trial solution**

$$y = e^{mx} \qquad \cdots (2)$$

를 대입해 보면

$$(a_n m^n + a_{n-1} m^{n-1} + \cdots + a_1 m + a_0)\, e^{mx} = 0$$

가 되므로 m은

$$(a_n m^n + a_{n-1} m^{n-1} + \cdots + a_1 m + a_0) = 0 \qquad \cdots (3)$$

의 대수 다항방정식의 근이 되면 충분하다. 이것을 (1)에 해당하는 **보조방정식** **auxiliary equation**이라 한다. 이것은 $\dfrac{d}{dx} = D$로 나타낸 미분연산자 **differential operator** $P_n(D) = a_n D^n + a_{n-1} D^{n-1} + \cdots + a_1 D + a_0$에 $D \mapsto m$을 대입한 $P_n(m) = 0$ 꼴이 되는 것이다.

이제 보조방정식 (3)의 근 $m_1, m_2, \cdots, m_n$일 때

$$y_1 = e^{m_1 x}, \ \cdots, \ y_n = e^{m_n x}$$

가 구하는 해가 된다. 그런데 다음 3가지 경우로 나뉜다.

CASE 1. $m_1, m_2, \cdots, m_n$이 서로 다른 실근인 경우

$e^{m_1 x}, \cdots, e^{m_n x}$은 일차독립인[2] n개의 해이므로 (1)의 일반해는

2) 간단히, 두 개에 대해 론스키안 판정 **Wronskian** 해본다.(같은 논법으로 일반화)

$$y = c_1 e^{m_1 x} + \cdots + c_n e^{m_n x}$$

CASE 2. 보조방정식이 중복도가 k인 근 m에 해당하는 (1)의 해는

$$y(x) = \left(c_1 + c_2 x + c_3 x^2 + \cdots + c_{k-1} x^{k-1}\right) e^{mx}$$

이것은 자세한 설명이 필요하므로 단원의 마지막에 다루기로 한다.

CASE 3. 보조방정식의 해에 복소수 근 $a \pm ib$에 해당하는 (1)의 해는

$$y(x) = c_1 e^{ax} \cos bx + c_2 e^{ax} \sin bx$$

왜냐하면

$$\begin{aligned} e^{mx} &= e^{(a+ib)x} = e^{ax} e^{ibx} \\ &= e^{ax}(\cos bx + i \sin bx) \end{aligned}$$

그런데 여기에 포함된 (실)함수해는

$$y_1 = e^{ax} \cos bx,\ y_2 = e^{ax} \sin bx$$

예제 $y^{(3)} + 2y^{(2)} - 3y^{(1)} = 0$를 풀어보자.

풀이 ---

보조방정식 $m^3 + 2m^2 - 3m = 0$의 근은 $m = 1,\ -3,\ 0$. 따라서 일반해는

$$y = c_1 e^x + c_2 e^{-3x} + c_3$$ □

예제 $y^{(3)} - 3y^{(2)} + 9y^{(1)} + 13y = 0$를 풀어보자.

풀이 ---

보조방정식 $m^3 - 3m^2 + 9m + 13 = 0$의 근 $m = -1,\ 2 \pm 3i$. 따라서 일반해는

$$y = c_1 e^{-x} + c_2 e^{2x} \cos 3x + c_3 e^{2x} \sin 3x$$ □

참고로 보조방정식의 복소근이 중복도가 있을 경우에는 (실)중근의 경우가 적용된다.(다음 절 참조) 이를테면, $(y'' + 2y' + 4y)^2 = 0$의 보조방정식 $(m^2 + 2m + 4)^2 = 0$의 복소근 $m = -1 \pm 3i$는 각각 중복도가 2가 된다. 따라서 일반해는

$$y = c_1 e^{-x} \cos \sqrt{3}\, x + c_2 e^{-x} \sin \sqrt{3}\, x + c_3\, x e^{-x} \cos \sqrt{3}\, x + c_4\, x e^{-x} \sin \sqrt{3}\, x$$

3.4 보조방정식의 다중근

상수계수 미분방정식

$$a_n y^{(n)} + a_{n-1} y^{(n-1)} + \cdots + a_1 y^{(1)} + a_0 y = 0 \qquad \cdots (1)$$

은 **미분연산자 differential operator**

$$L = a_n \frac{d^n}{dx^n} + a_{n-1} \frac{d^{n-1}}{dx^{n-1}} + \cdots + a_1 \frac{d}{dx} + a_0$$

를 생각하여 (1)을 간단히

$$Ly = 0$$

로 쓸 수 있다. 여기서 $\frac{d}{dx} = D$로 쓰면

$$L = a_n D^n + a_{n-1} D^{n-1} + \cdots + a_1 D + a_0$$

로 D의 n차 다항식으로 보아 , D에 대한 **다항연산자 polynomial operator**라 부르고, 기호로 $P_n(D)$로 쓰기도 한다.

이제 주어진 (1)에 대한 보조방정식 **Auxiliary equation**이 단근 m_0와 $(n-1)$ 중근 m_1을 갖는 경우를 가정하자. 즉, 보조방정식은

$$(m - m_0)(m - m_1)^{n-1} = 0 \qquad \cdots (2)$$

이 경우 주어진 (1)은 상수 계수 미분방정식이므로

$$(D - m_0)(D - m_1)^{n-1} y = 0 \qquad \cdots (3)$$

와 같은 뜻이 된다. 왜냐하면

$$\left[(D - m_0)(D - m_1)^{n-1}\right] (e^{mx}) = (m - m_0)(m - m_1)^{n-1} e^{mx}$$

로 보조방정식 (2)를 얻기 때문이다.(귀납적 계산 생략)

즉,

$$(D-m_0)\left[(D-m_1)^{n-1}\,y\right]=0$$

이므로

$$(D-m_1)^{n-1}\,y=0 \qquad \cdots (4)$$

보조방정식의 근 m_1에 해당하는 <u>하나의 해 $y=e^{m_1 x}$로부터 일차독립인 $(n-1)$개의 해를 구하는 방법</u>은 다음과 같다.

$$y=u(x)\,e^{m_1 x} \qquad \cdots (5)$$

를 GUESS & TRY 한다. 그런데 아래와 같이 귀납적으로

$$(D-m_1)^{n-1}\left(u\cdot e^{m_1 x}\right)=\left(D^{n-1}\,u\right)e^{m_1 x} \qquad \cdots (6)$$

임을 알 수 있다.(형식적 증명 생략) 왜냐하면

$$\begin{aligned}(D-m_1)\left(u\cdot e^{m_1 x}\right)&=(D\;u)\,e^{m_1 x}+u\left(m_1 e^{m_1 x}\right)-m_1\left(u\,e^{m_1 x}\right)\\&=(D\;u)\,e^{m_1 x}\end{aligned}$$

$$(D-m_1)^2\left(u\cdot e^{m_1 x}\right)=(D-m_1)\left[(D-m_1)\left(u\,e^{m_1 x}\right)\right]$$

이므로 앞의 결과 이용하면

$$=(D-m_1)\left[(D\;u)\,e^{m_1 x}\right]$$

앞과 같은 계산으로

$$=\left(D^2\,u\right)e^{m_1 x}$$

이기 때문이다.

따라서 (6)으로부터 (5)가 (4)의 해가 되기 위해서는 간단히

$$\left(D^{n-1}\,u\right)=0$$

즉, $$u(x)=c_1+c_2x+c_3x^2+\cdots+c_{n-2}\,x^{n-2}$$

로

$$y(x) = \left(c_1 + c_2 x + c_3 x^2 + \cdots + c_{n-2} x^{n-2}\right) e^{m_1 x}$$

가 된다. 실제로

$$e^{m_1 x},\ x e^{m_1 x},\ x^2 e^{m_1 x},\ \cdots,\ x^{n-2} e^{m_1 x} \qquad \cdots (7)$$

는 모두 (4)의 일차독립인 해가 되고, 결과적으로 (1)의 해가 된다.[3)]

정리 보조방정식이 다중근인 경우

보조방정식이 중복도가 k인 근 m에 해당하는 미분방정식 (1)의 해는

$$y(x) = \left(c_1 + c_2 x + c_3 x^2 + \cdots + c_{k-1} x^{k-1}\right) e^{m x}$$

예제 $y'' - 10y' + 25 = 0$의 일반해를 구하여 보자.

풀이

$m^2 - 10m + 25 = (m-5)^2 = 0,\ m = 5$(중근)

$y = (c_1 + c_2 x) e^{5x}$ □

단조화 진동

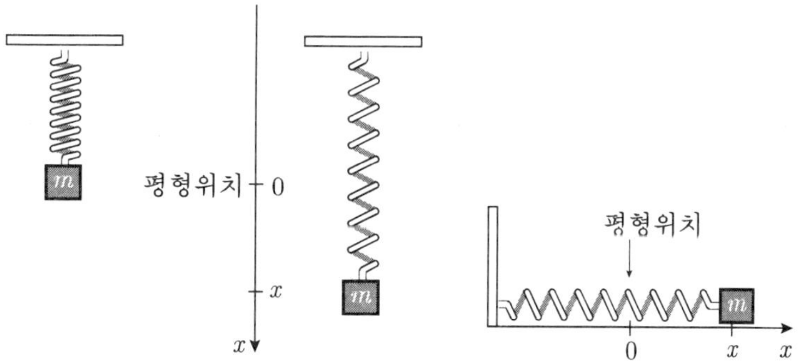

3) $e^{m_0 x}$를 포함하여, n개의 일차독립인 해가 되어 일반해를 구성할 수 있다.(같은 논법으로 일반화)

물체가 같은 경로를 전후로 되풀이하여 운동할 때, 그 물체는 진동(振動)하고 있다고 한다. 가장 간단한 예로는 용수철 끝에 딸린 물체가 변위(變位)에 비례하여 평형(平衡) 위치로 되돌아가려는 힘인 복원력(復原力) 작용에 따른 물체의 진동이다. 일차원적인 운동으로 x축 방향의 운동일 때 복원력은

$$F(x) = -kx$$

로 주어진다. $k>0$는 비례상수이다.

용수철의 변위에 비례하는 힘의 법칙은 1676년 영국의 후크(R. Hooke, 1635~1703)에 의하여 발견된 것이므로 <u>후크의 법칙</u>이라 한다.

"앞의 식에서 $k>0$ 이어서 $x>0$일 때 $F<0$이고, $x<0$일 때 $F>0$"
로 힘이 (평형 위치로 부터) 거리에 비례하면서 작용되고 있다.

이 힘을 받는 질량 m인 물체의 운동방정식은

$$m\frac{d^2x}{dt^2} = -kx$$

여기서 $\omega = \sqrt{\dfrac{k}{m}}$ 로 쓰면

$$\frac{d^2x}{dt^2} = -\omega^2 x$$

이 운동방정식은 상수계수 2계 선형 미분방정식 풀잇법에 따라

$$x(t) = A\,sin(\omega t + \delta) \qquad \cdots ①$$

직접 대입해 보면 운동방정식의 해가 됨을 알 수 있다.(예제 참조)

여기서

A는 진폭(振幅),

ω는 角진동수,

$\omega t + \delta$를 위상(位相), δ는 초기위상

이라 하고, 앞과 같이 싸인함수로 나타나는 진동을 단조화(單調和)운동이라 한다. 초기 위상 $\delta = 0$로 한 그래프는 그림과 같다.

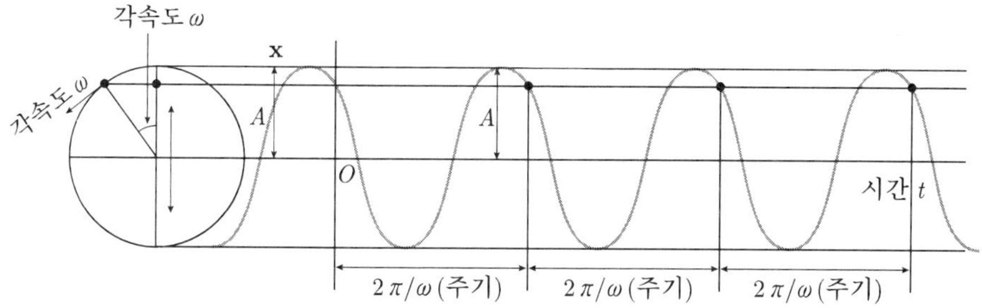

단진동과 싸인곡선

예제 이계 미분방정식 $\dfrac{d^2x}{dt^2} = -\omega^2 x$을 풀어보자. 단, $\omega > 0$

풀이 ---

$x(t) = e^{kt}$를 대입하여 정리하면

$$(k^2 + \omega^2)e^{kt} = 0$$

$e^{kt} > 0$이므로 $k^2 + \omega^2 = 0$, 즉 $k = \pm \omega i$. 따라서 구하는 해는 $e^{\pm (iw)t}$. 그런데

$$e^{ikt} = (cos\ kt) + i(sin\ kt)\ ^{4)}$$

이므로 구하는 실수해

$$x_1(t) = cos\ kt,\ x_2(t) = sin\ kt$$

가 되어, 이것이 기본해가 된다. 따라서 구하는 일반해는

$$x(t) = c_1\, cos\ kt + c_2\, sin\ kt$$

중첩 파를 나타내는 것으로, ①과 같이 삼각공식을 이용하여 하나의 함수로 나타낼 수 있다. □

---

4) 오일러 공식(Euler)

추의 진동 VS 용수철 진동

예제 질량 m(무게 W)인 추가 길이 l인 줄 끝에 매달린 채 흔들리고 있다. 이때 수직선을 기준으로 잰 편각 $\theta(t)$을 구하여 보자. (단, 오른쪽일 때 > 0, 왼쪽일 때는 < 0으로 보기로 하자)

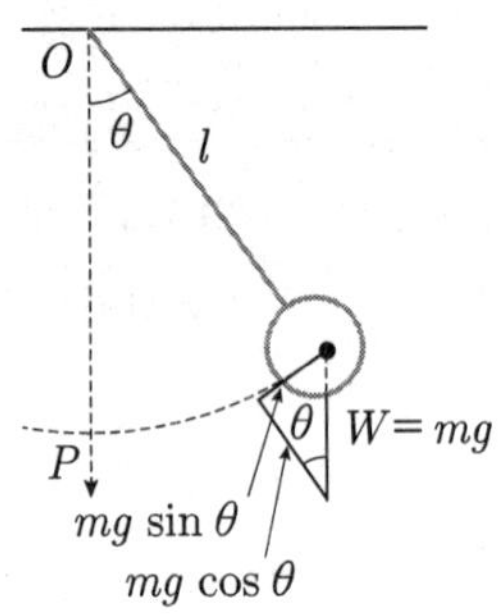

풀이

추가 이동한 호의 (길이)변위 $s = l\theta$이므로, 가속도 $a = \frac{d^2 s}{dt^2} = l\frac{d^2\theta}{dt^2}$
뉴턴의 운동 제2법칙에 따라

$$F = ma = ml\frac{d^2\theta}{dt^2}. \quad \cdots (1)$$

한편 그림에서 추의 무게로 인한 힘의 운동방향 성분은

$$W\sin\theta,\ 즉\ (mg)\sin\theta. \quad \cdots (2)$$

따라서 (1), (2)로부터

$$ml\frac{d^2\theta}{dt^2} = -(mg)\sin\theta$$

여기서 부호는 **복원력** restoring force 을 나타낸 것이다. 즉,

$$\frac{d^2\theta}{dt^2} + \left(\frac{g}{l}\right)\sin\theta = 0 \quad \cdots (3)$$

이 미분방정식은 $\sin\theta$가 포함되는 비선형 non-linear 미분방정식으로 간단해

보이지만 기본함수로 해가 구해지지 않는 것이다. 편의상 다음 가정을 하자. 각의 변위 **displacement** 가 그다지 크지 않는 경우에는 $sin\,\theta \approx \theta$이므로 우리는 선형 미분방정식

$$\frac{d^2\theta}{dt^2} + \left(\frac{g}{l}\right)\ \theta = 0 \qquad \cdots (4)$$

$\omega^2 = \frac{g}{l}$로 쓰면, 미분방정식 (4)는 용수철 **spring** 추의 자유진동 **free vibration** 을 나타내는 미분방정식과 같은 형태임을 알 수 있다. □

영국의 유명한 추시계 벤 **BEN** 이 있는 역사적인 건물 내부를 보면 추시계에 어마어마한 진자와 추가 달려있어 그 진자 운동으로 시계가 작동하는 것이다. 그런데 추의 진자는 철로 되어 있어 기온에 따라 진자의 길이에 미세한 변화가 발생하여 주기, 즉 시간에 오차를 가져오게 된다. 따라서 이를 미세하게 조정하기 위하여 작은 원반 모양의 다양한 크기의 금속편들을 추에 얹거나 덜어내어 무게, 즉 추의 무게 중심이 미세하게 바뀌는 효과로 진자의 길이가 미세하게 조정되는 효과를 얻게 되므로 실제로 시간의 오차를 보정하는 것을 알 수 있다.

3.5 미정계수법

앞의 이론에 따라 선형 미분방정식 $Ly=f$의 일반해의 구성은 $y=y_c+y_p$로 제차부분 $Ly=0$의 일반해 y_c와 비제차 부분의 특수해 y_p를 구하는 것이다. 이제 비제차 부분의 특수해를 구하는 초보적인 방법인 미정계수법 **undetermined coefficients method**은 다음과 같다.

미정계수법은 주어진 (우변)의 제차항 $f(x)$에 맞추어 특수해 y_p를 Guess & Try 하는 것이다. 이를테면, $y''+3y'+2y=40e^{3x}$의 특수해로 $y_p=Ae^{3x}$를 대입해 보면 $A=2$로 결정되므로 성공적인 추측이었음을 알 수 있다. 이렇게 추측한 해를 **시험해 trial solution**라 한다.

예제 $y''+2y'+5y=12e^x-34\sin 2x$의 비제차항에 대한 특수해를 구하라.

풀이 --

$y_p=Ae^x+B\sin 2x+C\cos 2x$를 (좌변)에 대입해보면, $8Ae^x+(B-4C)\sin 2x+(4B+C)\cos 2x$이 되므로 (우변)과 비교하면

$$A=\frac{3}{2},\ B=-2,\ \text{그리고}\ C=8$$ □

참고로 앞 예제에서 $y_p=Ae^x+B\sin 2x$는 좋은 추측이 아님을 알 수 있다. 이를테면, $y^{(3)}-y^{(2)}-8y'+12y=10e^{2x}+25e^{-3x}$에 대한 특수해

$$y_p=Ax^2e^{2x}+Bxe^{-3x}$$

가 성공적인 추측임을 알 수 있다. 간단하므로 연습으로 남기기로 한다.

Trial Particular Solutions

$g(x)$	Form of y_p
1. 1(any constant)	A
2. $5x+7$	$Ax+B$
3. $3x^2-2$	Ax^2+Bx+C
4. x^3-x+1	Ax^3+Bx^2+Cx+D
5. $\sin 4x$	$A\cos 4x+B\sin 4x$
6. $\cos 4x$	$A\cos 4x+B\sin 4x$
7. e^{5x}	Ae^{5x}
8. $(9x-2)e^{5x}$	$(Ax+B)e^{5x}$
9. x^2e^{5x}	$(Ax^2+Bx+C)e^{5x}$
10. $e^{3x}\sin 4x$	$Ae^{3x}\cos 4x+Be^{3x}\sin 4x$
11. $5x^2\sin 4x$	$(Ax^2+Bx+C)\cos 4x+(Dx^2+Ex-F)\sin 4x$
12. $xe^{3x}\cos 4x$	$(Ax+B)e^{3x}\cos 4x+(Cx+D)e^{3x}\sin 4x$

3.6 매개변수 변화법

매개변수 변화법을 도입하기 위하여 1계 선형 미분방정식

$$y' + p(x)y = f(x) \quad \cdots (1)$$

의 일반해

$$y = ce^{-\int p} + e^{-\int p}\int (f \cdot e^{\int p}) \quad \cdots (2)$$

를 다음과 같이 생각해보자. 여기서 $y = y_c + y_p$로 보조해 $y_c = ce^{-\int p}$는

$$y' + p(x)y = 0 \quad \cdots (3)$$

의 일반해이고, 특수해 $y_p = e^{-\int p}\int (f \cdot e^{\int p})$는

$$y' + p(x)y = f(x) \quad \cdots (4)$$

를 만족시키는 하나의 해이다.

제차 (3)의 해로부터 비제차 (4)의 해를 구하는 방법(매개변수 변화법)

$y' + p(x)y = 0$의 하나의 해는 $y_1 = e^{-\int p}$임을 알고 있다. 이제 (1)의 특수해로

$$y_p = u(x)\, y_1 \quad \cdots (5)$$

를 Guess & Try 해보자. (5)를 주어진 방정식 (1)에 대입하여 정리하면

$$u\left[y_1' + p\, y_1\right] + y_1 u' = f$$

$y_1' + p(x)y_1 = 0$이므로

$$y_1 u' = f$$

즉,

$$u = \int \frac{f}{y_1}$$

이면 충분하다. 따라서 (1)의 특수해는

$$y_p = y_1 \int \left(\frac{f}{y_1} \right) \qquad \cdots (6)$$

가 된다. 실제로

$$y_p = e^{-\int p} \int (f \cdot e^{\int p})$$

는 (6)의 형태임을 알 수 있다.

이 방법은 (1)의 특수해는 보조해 $y_c = c\, e^{-\int p} (= c\, y_1)$로부터 매개변수 c를 식으로 변화시킨 $y_p = u(x)\, y_1$로 결정된 것이므로 **매개변수 변화법 Variation of parameters** 이라 한다.

3.7 2계 선형 특별해

2계 선형 미분방정식

$$a_2(x)y'' + a_1(x)y' + a_0(x)y = g(x) \qquad \cdots (1)$$

를 선두계수로 나누어 정리한

$$y'' + p(x)y' + q(x)y = f(x) \qquad \cdots (2)$$

의 동차부분

$$y'' + p(x)y' + q(x)y = 0 \qquad \cdots (3)$$

의 일차독립인 두 해를 y_1, y_2라 할 때, 즉

$$y_j'' + py_j' + qy_j = 0,\ j = 1, 2 \qquad \cdots (4)$$

일 때 비제차방정식 (2)의 특별해의 후보로 **(매개변수 변화법)**

$$y_p = u_1(x)y_1 + u_2(x)y_2 \qquad \cdots (5)$$

를 Guess & Try 해보면, 우선 $y_p' = u_1y_1' + u_1'y_1 + u_2y_2' + u_2'y_2$에서

$$u_1'y_1 + u_2'y_2 = 0 \qquad \cdots (6)$$

가 되도록 하면, $y_p' = u_1y_1' + u_2y_2'$가 되므로

$$\begin{aligned} & y_p'' + py_p' + qy_p \\ &= u_1[y_1'' + py_1' + qy_1] + u_2[y_2'' + py_2' + qy_2] + y_1'u_1' + y_2'u_2' \\ &= y_1'u_1' + y_2'u_2' = f(x) \qquad \cdots (7) \end{aligned}$$

간단히 연립방정식 (6), (7)을 행렬식 곱으로 고쳐쓰면

$$\begin{pmatrix} y_1 & y_2 \\ y_1' & y_2' \end{pmatrix}\begin{pmatrix} u_1' \\ u_2' \end{pmatrix} = \begin{pmatrix} 0 \\ f \end{pmatrix} \qquad \cdots (8)$$

크레이머 Cramer 공식으로 각각을 나타내면

$$u_1' = \frac{\begin{vmatrix} 0 & y_2 \\ f & y_2' \end{vmatrix}}{W(y_1, y_2)}, \quad u_2' = \frac{\begin{vmatrix} y_1 & 0 \\ y_1' & f \end{vmatrix}}{W(y_1, y_2)} \qquad \cdots (9)$$

단, $W(y_1, y_2)$는 론스키안 **Wronskian.** 즉, $W = y_1 y_2' - y_2 y_1'$.

$$u_1 = \int \frac{-y_2 f}{W}, \quad u_2 = \int \frac{y_1 f}{W} \qquad \cdots (10)$$

로 결정됨을 알 수 있다(Undetermined **미정계수법**).

예제 $$y'' - 4y' + 4y = (x+1)e^{2x}$$

를 풀어 보자.

풀이

보조방정식 $(m-2)^2 = 0$으로부터 $m = 2$(중근)인 경우이므로 보조해

$$y_c = c_1 e^{2x} + c_2 x e^{2x} \qquad \cdots (11)$$

를 얻고 특수해 y_p는 앞의 공식에 따라

$$u_1 = \int \frac{-xe^{2x}(x+1)e^{2x}}{e^{4x}} = -\frac{x^3}{3} - \frac{x^2}{2}$$

$$u_2 = \int \frac{e^{2x}(x+1)e^{2x}}{e^{4x}} = \frac{x^2}{2} + x$$

따라서

$$y_p = \left(-\frac{x^3}{3} - \frac{x^2}{2}\right)e^{2x} + \left(\frac{x^2}{2} + x\right)e^{2x}$$

$$= \left(\frac{x^3}{6} + \frac{x^2}{2}\right)e^{2x} \qquad \cdots (12)$$

그러므로 일반해는 (11), (12)로부터

$$y = c_1 e^{2x} + c_2 x e^{2x} + \left(\frac{x^3}{6} + \frac{x^2}{2}\right)e^{2x}$$ □

연습문제

상수계수 2계

1. $2y'' - 5y' - 3y = 0$

답 $y = c_1 e^{-\frac{x}{2}} + c_2 e^{3x}$

2. $y'' - 10y' + 25y = 0$

답 $y = c_1 e^{5x} + c_2 x e^{5x}$

3. $y'' + y' + y = 0$

답 $y = e^{-\frac{x}{2}}\left(c_1 \cos \frac{\sqrt{3}}{2}x + c_2 \sin \frac{\sqrt{3}}{2}x\right)$

4. $y'' - 4y' + 13y = 0$, $y(0) = -1,\ y'(0) = 2$

답 $y = e^{2x}\left(-\cos 3x + \frac{4}{3}\sin 3x\right)$

상수계수 3계

5. $y''' + 3y'' - 4y = 0$

답 $y = c_1 e^{x} + c_2 e^{-2x} + c_3 x e^{-2x}$

6. $3y''' + 5y'' + 10y' - 4y = 0$

답 $y = c_1 e^{\frac{x}{3}} + e^{-x}\left(c_2 \cos \sqrt{3}x + c_3 \sin \sqrt{3}x\right)$

상수계수 초기값 문제

7. $\frac{d^2x}{dt^2} + 5\frac{dx}{dt} + 4x = 0,\ x(0) = 1,\ x'(0) = 1$

답 $x(t) = \frac{5}{3}e^{-t} - \frac{2}{3}e^{-4t}$

8. $\frac{d^2x}{dt^2}+8\frac{dx}{dt}+16x=0$, $x(0)=0,\ x'(0)=-3$

답 $x(t)=-3te^{-4t}$

9. $\frac{d^2x}{dt^2}+2\frac{dx}{dt}+10x=0$, $x(0)=-2,\ x'(0)=0$

답 $x(t)=e^{-t}\left(-2\cos 3t-\frac{2}{3}\sin 3t\right)$

10. $\frac{d^2x}{dt^2}+2\frac{dx}{dt}+2x=4\cos t+2\sin t$, $x(0)=0,\ x'(0)=3$

답 $x(t)=e^{-t}\sin t+2\sin t$

미정계수법-제로화 작용소(부록 참조)

11. $y''+y=x\cos x-\cos x$

답 $y=c_1\cos x+c_2\sin x+\frac{1}{4}x\cos x-\frac{1}{2}x\sin x+\frac{1}{4}x^2\sin x$

12. $y''-2y'+y=10e^{-2x}\cos x$의 특수해의 꼴을 구하시오.

답 $y=Ae^{-2x}\cos x+Be^{-2x}\sin x$

미정계수법(제로화 작용소)

미분 선형 작용소 $a_n\frac{d^n}{dx^n}+a_{n-1}\frac{d^{n-1}}{dx^{n-1}}+\cdots+a_1\frac{d}{dx}+a_0$을 간단히 L이라 쓰면, 비제차 선형미분방정식은 간단히

$$Ly=f(x) \qquad \cdots (1)$$

라 쓸 수 있다. 여기서 **미정계수법 method of undetermined coefficients** 은

(1) 미분방정식이 상수계수이고

(2) $f(x)$는 상수, 다항식, $e^{\alpha x}$, $sin\ \beta x$, $cos\ \beta x$, 그리고 이것들의 곱과 합

으로 주어진 경우로 제한한다. 이를테면,

$$k,\ x^m,\ x^m e^{\alpha x},\ x^m e^{\alpha x} cos\ \beta x,\ x^m e^{\alpha x} sin\ \beta x \qquad \cdots (2)$$

등의 일차결합으로 나타난 경우이다. 미정계수법은 $f(x)$가

$$ln\ x,\ \frac{1}{x},\ tan\ x,\ sin^{-1} x$$

등에 대해서는 적용할 수 없다.

(1)에 나타난 함수들은 $D=\dfrac{d}{dx}$일 때 D^n, $(D-\alpha)^n$, $\left(D^2-2\alpha D+\alpha^2+\beta^2\right)^n$ 꼴로 구성된 미분작용소를 간단히 L_1이라 쓰면

$$L_1[L(y)]=L_1(f)=0 \qquad \cdots (3)$$

이 되어 제차 미분방정식 (3)을 얻게 되는데, 이것의 일반해 중에서 비제차 미분방정식 (1)의 특수해 y_p의 후보를 추출하는 방법이 제로화 작용소 annihilator 식 접근 방법이다. 여기서 L_1을 **제로화 작용소 annihilator**라 한다.

예제 $\dfrac{d^2y}{dx^2}+3\dfrac{dy}{dx}+2y=4x^2$를 풀어 보자.

풀이

풀이를 단계별로 나타내 보기로 한다.

Step 1. 제차 미분방정식 $\left(D^2+3D+2\right)y=0$의 보조방정식을 풀면 일반해

$$y_c=c_1e^{-x}+c_2e^{-2x} \qquad \cdots (4)$$

Step 2. 제로화 작용소를 이용하여 제차 방정식을 얻어 일반해를 구한다.

$$D^3\left(D^2+3D+2\right)y=4D^3\left(x^3\right)=0 \qquad \cdots (5)$$

가 되고, 보조방정식을 풀어 일반해

$$y = c_1 + c_2 x + c_3 x^2 + c_4 e^{-x} + c_5 e^{-2x} \qquad \cdots (6)$$

Step 3. (6)의 뒷부분은 처음 주어진 제차 미분방정식의 보조해 (4)이므로 나머지 부분이 주어진 방정식의 특수해 y_p를 구성하게 되는 것이다. 실제로

$$y_p = A + Bx + Cx^2 \qquad \cdots (7)$$

을 주어진 비제차 미분방정식에 대입하여 정리하면

$$2Cx^2 + (2B + 6C)x + (2A + 3B + 2C) = 4x^2$$

이 되어야 하므로 $C = 2$, $A = 7$, $B = -6$. 즉 특수해는

$$y_p = 7 - 6x + 2x^2 \qquad \cdots (8)$$

그러므로 일반해는

$$y = c_1 e^{-x} + c_2 e^{-2x} + (7 - 6x + 2x^2) \qquad \square$$

예제

$$y'' - 3y' = 8e^{3x} + 4\sin x \qquad \cdots (9)$$

를 풀어보자.

풀이

Step 1. 보조방정식을 풀어 제차 부분의 보조해

$$y_c = c_1 + c_2 e^{3x}. \qquad \cdots (10)$$

Step 2. $(D-3)e^{3x} = 0$, $(D^2+1)\sin x = 0$이므로, $(D-3)(D^2+1)$을 주어진 미분방정식 (9)의 양변에 작용시키면

$$(D-3)(D^2+1)(D^2-3D)y = 0 \qquad \cdots (11)$$

이것에 대한 보조방정식은

$$m(m-3)^2(m^2+1) = 0$$

이므로 (11)의 일반해는

$$y = c_1 + c_2 e^{3x} + c_3 x e^{3x} + c_4 \cos x + c_5 \sin x \qquad \cdots (12)$$

Step 3. (12)에서 재차 부분의 보조해 (10)을 제외한 나머지가 비제차 부분의 특수해 후보가 된다. 즉,

$$y_p = Axe^{3x} + B\cos x + C\sin x$$

를 주어진 방정식 (9)에 대입하여 정리하면, $A = \frac{8}{3}$, $B = \frac{6}{5}$, $C = -\frac{2}{5}$.

그러므로 (9)의 일반해는

$$y = c_1 + c_2 e^{3x} + \frac{8}{3} x e^{3x} + \frac{6}{5} \cos x - \frac{2}{5} \sin x \qquad \square$$

예제 $y'' + 8y = 5x + 2e^{-x}$를 풀어보자.

풀이

Step 1. $y'' + 8y = 0$를 풀면 보조해

$$y_c = c_1 \cos 2\sqrt{2}\, x + c_2 \sin 2\sqrt{2}\, x$$

Step 2. $D^2(D+1)$을 양변에 작용시키면

$$D^2(D+1)(D^2+8)y = 0$$

이것의 일반해

$$y = c_1 \cos 2\sqrt{2}\, x + c_2 \sin 2\sqrt{2}\, x + c_3 + c_4 x + c_5 e^{-x}$$

Step 3. 따라서 특수해의 후보는

$$y_p = A + Bx + Ce^{-x}$$

를 대입하여 정리하면 $A = 0, B = \frac{5}{8}, C = \frac{2}{9}$. 그러므로 구하는 일반해는

$$y = c_1 \cos 2\sqrt{2}\, x + c_2 \sin 2\sqrt{2}\, x + \frac{5}{8} x + \frac{2}{9} e^{-x} \qquad \square$$

미분방정식
微分方程式
DIFFERENTIAL
EQUATION

연립 선형 미분방정식 4

4.1 연립 미분방정식 모델

먹이와 포식자 Prey-Predator

로트카-볼테라 방정식 **Lotka-Volterra** [1])은 먹이와 포식자 관계 (이를테면, 토끼와 여우)의 두 동물의 생태학적 균형 분석에 대한 연립 미분방정식

$$\frac{dy}{dt} = y(\alpha - \beta x)$$

$$\frac{dx}{dt} = x(-\gamma + \delta y)$$

으로 나타낸 것이다. $x(t)$, $y(t)$각 시각에서 두 동물의 개체수를 나타내고, α, β, γ, $\delta > 0$ 상수이다.

연립방정식의 해를 식으로 나타낼 수 없지만, 두 개체수의 관계는 알 수 있다. 두 번째 방정식으로 첫 번째 방정식을 나누어 얻은 비선형 미분방정식을 풀어 볼 수 있다.

인공위성의 궤도

최초의 유인 인공위성 스푸트닉 **Sputnik** 이후 수많은 인공위성들이 지구 둘레를 선회하고 있다. 작은 우주 폐기물로부터 거대한 구조물인 허블 **Hubble** 천체 망원경, 유인 우주정류장에 이르기까지 이에 포함된다. 그것들에 작용하는 공통적 힘은 지구의 중력장 **gravitational field** 이다. 한편 대기로 인한 감쇠로 인하여 위성의 궤도는 점차 낮아져 방치될 경우 지구로 추락하게 되는 것이다. 작은 물체는 낙하 도중 대기에서 연소되어 없어지지만 거대한 물체는 내부 추진기로 궤도를 유지하게 되는 것이다. 그런데 1979년 위성 **Skylab** 의 추진기 고장

1) Vito Volterra(1860-1940) 이탈리아 수학자
Prey-Predator 문제를 다루어 최초로 생태학에 수학을 응용하였다. 적분 방정식에 대한 연구도 있다.

으로 지구 대기권으로 진입하게 되었는데, 그 온도는 매우 고온이었으나 그 크기가 작지 않은 관계로 부분은 남아서 무사히 착륙하게 된다. 이때 위성의 마지막 몇 바퀴의 선회 낙하궤도는 간단하게 얻어질 정도로 간단한 것이 아니다. 우리는 풀 수 있는 모델링이 필요하므로 몇 가지 단순화 가정을 해야 한다. 모델링의 기본적 가정은

(1) 지구는 완전한 구형이다.
(2) 물체의 운동은 평면적이다

이다. 대기로 인한 감쇠력을 감안하여 인공위성의 선회 낙하 궤도를 예측할 수 있어야 되는 것이다. 여기서 하나의 중요한 가정은 대기의 밀도에 대한 모델링인 것이다. 대기의 밀도는 여러 가지 요인으로 결정되는 복잡한 것이므로 우리는 대기 밀도가 고도에 의존하는 것으로 모델링하기로 한다. 그러면 인공위성의 운동은 지구 중심을 원점으로 하는 평면운동으로 그 위치를 $(x(t), y(t))$로 나타내면, 연립 미분방정식

$$x'' = -m_e g \frac{x}{r^3} - kvx'$$

$$y'' = -m_e g \frac{y}{r^3} - kvy'$$

으로 선형 공명 **linear resonance** 모델과 같다. 여기서 m_e는 지구 질량, m은 인공위성 질량, g는 중력가속도, $r = \sqrt{x^2+y^2}$ 으로 지구 중심으로부터 인공위성의 고도를 나타낸다. 가속도는 힘을 결정하는 양이므로 인공위성이 받는 힘은 거리의 역제곱에 비례함을 알 수 있다. 한편, $k = C\frac{A\rho}{m}$로 A는 인공위성의 대기 접촉면적, ρ는 대기밀도, $v = \sqrt{(x')^2+(y')^2}$로 인공위성 속력, C는 비례상수이다. 즉, 감쇠력 **a drag force** 은 속력의 제곱근에 비례한다는 뜻이다. 주어진 모델은 충분한 근사이지만 비선형 미분방정식으로 해가 구체적인 식으로 구해지지는 않는다. 수치해석과 컴퓨터를 이용한 수치해석적 해 **a numerical solution** 를 구하게 되는 것이다. 그림은 마지막 $1\frac{1}{2}$바퀴 Skylab의 낙하 선회궤도를 예측한 것이다.

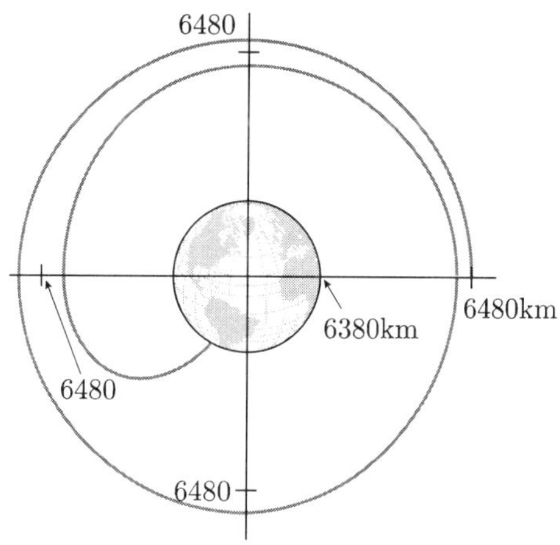

무기경쟁 모델

20세기 들어서면서 위험하고 무모한 무기 경쟁 **arms-race** 이 몇 건 발생하였다. 1차 세계 대전(1914-1918)이 터지면서 유럽국가들 사이의 경쟁적인 급격한 무기 증강이 그 절정을 이루게 된다. 2차 세계대전(1939-1945) 바로 직전 경쟁적인 무기 증강이 다시 한번 나타나게 된다. 그 후 냉전기간 40년 동안 미국과 소련은 막대한 재원으로 무기 경쟁을 하게 된다. 현재는 중동 지역, 발칸반도 등 세계 곳곳에서 그 어느 시절보다 치열한 무기 경쟁이 공공연한 일이 된 것이다. 영국의 기상학자 **리차드슨 Lewis F. Richardson** 은 무기 경쟁의 역학적 구도를 분석할 수 있는 몇 가지 수학적 모델을 개발하였다.

그의 모델링의 주요 요소는 상호 불안 요인 **mutual fear** 으로 상대국의 무기 축적 비용에 따라 일정 비율로 무기 축적을 하게 된다는 것이다. 그의 모델에는 무기 증강의 감쇠 요인도 장치하였다. 무기가 증강될수록 감쇠 요인은 더욱 커지는 것이다. 왜냐하면 식량, 건물 등 국가의 기본적 문제가 커질수록 무기 구입으로의 지출이 더욱 막히게 되는 것이다.

리차드슨은 이 외에도 몇 가지 무기 지출 비용과 무관한 증가, 감쇠 요인을 그의 모델링에 장치하게 된다. $x(t)$, $y(t)$를 두 국가의 무기 지출 비용이라 쓰면

$$\frac{dx}{dt} = ay - mx + r$$

$$\frac{dy}{dt} = bx - ny + s$$

와 같이 일계 선형 연립방정식으로 나타나게 된다. 여기서 a, b, m, $n > 0$이고 s, r은 양수 또는 음수일 수 있다. a, b는 상호 불안 요인, m, n은 무기 증가에 따른 감쇠 요인, r, $s > 0$은 무기 지출 비용이 0으로 접근해도 지속되는 불신 요인, 반대로 r, $s < 0$은 선의로 나타나는 무기 경쟁 억제 요인이 된다. 이 모델에 따르면 ab와 mn의 크기, 그리고 r, s의 부호에 따라 결과가 다르게 나타난다는 것이다.

비록 이 모델은 비교적 단순하지만 장시간에 따른 결과에 대한 여러 가지 예측을 내놓는 모델인 것이다. 상호간의 무장 해제로의 움직임, 제한이 풀린 무기 증강의 악순환이 또 하나의 가능한 시나리오이고, 끝으로 초기 무기 지출 비용에 무관하게 어떤 안정점 (x_*, y_*)을 향한 추이도 나타날 수 있다.

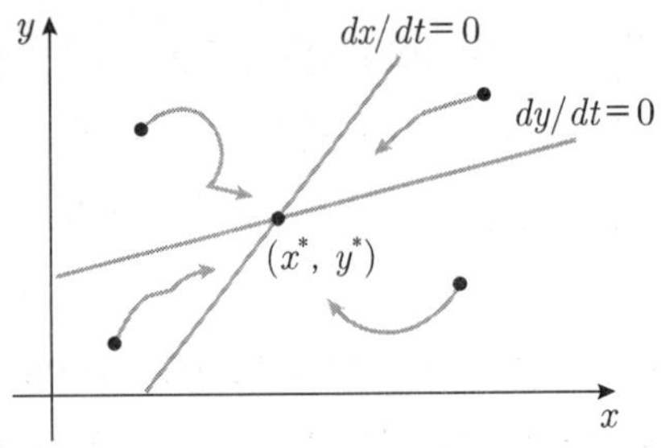

4.2 초보적 풀이–소거법

대수적으로 연립방정식을 풀 때처럼 연립 미분방정식에서도 종속변수를 소거하여 남는 하나의 미분방정식을 얻는 것이다.

예제 초기값 조건 $x(0)=2$, $y(0)=-1$을 만족하는 연립 미분방정식

$$x' = 4x - 3y$$
$$y' = 6x - 7y$$

을 풀어 보자.

풀이

두 번째 방정식을 x에 대하여 정리하면

$$x = \frac{1}{6}y' + \frac{7}{6}y \qquad \cdots (1)$$

이므로 $$x' = \frac{1}{6}y'' + \frac{7}{6}y'.$$

이것들을 첫 번째 방정식에 대입하여 정리하면

$$y'' + 3y' - 10y = 0.$$

이에 해당하는 보조방정식으로부터(계산 생략)

$$y = c_1 e^{2t} + c_2 e^{-5t} \qquad \cdots (2)$$

(2)를 (1)에 대입하여 정리하면(계산 생략)

$$x = \frac{3}{2}c_1 c^{2t} + \frac{1}{3}c_2 e^{-5t} \qquad \cdots (3)$$

(2), (3)이 주어진 연립 미분방정식의 일반해이다. 그런데 초기값 조건으로부터 $c_1 = 2$, $c_2 = -3$. 따라서 구하는 해는

$$x = 3e^{2t} - e^{-5t}$$

$$y = 2e^{2t} - 3e^{-5t} \qquad \square$$

소거 과정을 쉽게 하기 위하여 다음과 같이 미분작용소 기호를 이용하면 편리하다. 상수계수를 갖는 선형미분연산자(작용소)는

$$L = a_n D^n + a_{n-1} D^{n-1} + \cdots + a_1 D + a_0$$

여기서는 $D = \dfrac{d}{dt}$로 독립변수 t에 대한 미분을 나타낸다. 또 L_1, L_2가 연산자일 때

$$L_1 L_2 [x] = L_1 [L_2 x]$$

를 뜻한다. 이제 상수 계수를 갖는 연립 미분방정식을 연산자 기호를 써서 간단히

$$L_1 x + L_2 y = f_1(t)$$
$$L_3 x + L_4 y = f_1(t)$$

로 나타내면, 종속변수 x를 소거하기 위하여 첫 번째식에는 L_3, 두 번째 식에는 L_1을 작용시킨 두 번째 식에서 첫 번째 식을 빼서 소거하면

$$(L_1 L_4 - L_2 L_3) y = L_1 f_2 - L_3 f_1$$

이렇게 y에 대한 미분방정식을 얻어 풀게 되는 것이다. 마찬가지로 종속변수 y를 소거하면 x에 대한 미분방정식

$$(L_1 L_4 - L_2 L_3) x = L_4 f_1 - L_2 f_2.$$

예제

$$x' = 4x - 3y$$
$$y' = 6x - 7y$$

을 앞의 방법처럼 풀어 보자.

풀이

연산자를 써서 정리하여 나타내면

$$(D-4)x + 3y = 0$$

$$-6x+(D+7)y=0$$

$(D-4)(D+7)-3(-6)=D^2+3D-10$이므로 각각 x, y에 대한 미분방정식은

$$x''+3x'-10x=0$$
$$y''+3y'-10y=0$$

보조방정식을 풀어

$$x(t)=c_1e^{2t}+c_2e^{-5t} \qquad \cdots (1)$$
$$y(t)=d_1e^{2t}+d_2e^{-5t}$$

그런데 여기서 4개의 상수가 나타나지만 실제는 2개의 상수만으로 나타낼 수 있다. (1)식을 주어진 방정식에 각각 대입해 정리하면

$$0=(-2c_1+3d_1)e^{2t}+(-9c_2+3d_2)e^{-5t}$$

그런데 e^{2t} , e^{-5t}는 일차독립이므로 $(-2c_1+3d_1)=0$, $(-9c_2+3d_2)=0$. 따라서 구하는 일반해는

$$x(t)=\frac{3}{2}d_1e^{2t}+\frac{1}{3}d_2e^{-5t}$$
$$y(t)=d_1e^{2t}+d_2e^{-5t}$$

□

4.3 행렬과 연립 미분방정식

n개의 1계 선형 미분방정식으로 구성된 연립방정식 형태를 알아보자.

$$\begin{aligned} x_1' &= a_{11}x_1 + a_{12}x_2 + \cdots + a_{1n}x_n + f_1(t) \\ x_2' &= a_{21}x_1 + a_{22}x_2 + \cdots + a_{2n}x_n + f_2(t) \\ &\vdots \\ x_n' &= a_{n1}x_1 + a_{n2}x_2 + \cdots + a_{nn}x_n + f_n(t) \end{aligned} \quad \cdots (1)$$

행렬곱을 이용하여 간단히 나타내보자. 해 벡터(열-행렬) $X = \begin{pmatrix} x_1 \\ \vdots \\ x_n \end{pmatrix}$에 대하여 $X' = \begin{pmatrix} x_1' \\ \vdots \\ x_n' \end{pmatrix}$을 나타낸다. 한편 비제차항 벡터 $F = \begin{pmatrix} f_1(t) \\ \vdots \\ f_n(t) \end{pmatrix}$로 쓰면, 간단히

$$X' = AX + F \quad \cdots (2)$$

여기서

$$A = (a_{ij}) = \begin{pmatrix} a_{11} & a_{12} & \cdots & a_{1n} \\ a_{21} & a_{22} & \cdots & a_{2n} \\ \vdots & & \ddots & \\ a_{n1} & a_{n2} & \cdots & a_{nn} \end{pmatrix}$$

으로 계수행렬을 나타낸다. 여기서는 상수항만으로 구성된 계수행렬을 다루기로 한다.

비제차항 $F(t) = O$인 제차 **homogeneous** 선형 연립 미분방정식

$$X' = AX \quad \cdots (3)$$

의 일반해를 먼저 구하기로 한다. 왜냐하면 (2)의 일반해는

$$X = X_c + X_p \quad \cdots (4)$$

로 (2)의 보조해((3)의 일반해) X_c와 (2)의 특수해 X_p를 합한 꼴로 나타나기 때문이다.

이제 제차 연립 선형 미분방정식 (3)의 일반해로

$$X = V e^{\lambda t} = e^{\lambda t} \begin{pmatrix} k_1 \\ \vdots \\ k_n \end{pmatrix} = \begin{pmatrix} k_1 e^{\lambda t} \\ \vdots \\ k_n e^{\lambda t} \end{pmatrix}, \qquad \cdots (5)$$

형태를 Guess & Try 해 본다. (3)에 대입하여 정리하면

$$\lambda V e^{\lambda t} = A V e^{\lambda t}$$

$$(A - \lambda I_n) V = O \qquad \cdots (6)$$

이 되므로 (6)이 비자명해 **non-trivial solution** V를 가져야 하므로 λ는 행렬 $(A - \lambda I_n)$가 비가역이 되는 값으로 행렬 A의 고유값 **eigen-value** 이고, 그 때의 비자명해 V를 λ에 속하는 고유벡터 **eigen-vector** 이다. 따라서 (3)을 행렬을 이용하여 푸는 것은 계수행렬 A의 **고유값**, **고유벡터**를 구하는 문제로 바뀌는 것을 알 수 있다. 그러므로 앞에서 배운 상수계수 미분방정식에 대한 보조방정식 풀이의 경우와 마찬가지로 다음 세 가지 경우로 나뉘게 되는 것이다.

CASE 1 서로 다른 실수 고유값

CASE 2 중복도가 있는 고유값

CASE 3 복소 고유값

예제 (서로 다른 실수 고유값) 연립 미분방정식

$$x_1' = 4x_1 + 2x_2$$

$$x_2' = 3x_1 + 3x_2$$

을 풀어보자.

풀이

$X' = \begin{pmatrix} 4 & 2 \\ 3 & 3 \end{pmatrix} X$. 계수행렬의 고유방정식

$$\begin{vmatrix} 4-\lambda & 2 \\ 3 & 3-\lambda \end{vmatrix} = \lambda^2 - 7\lambda + 6 = 0$$

으로 서로 다른 실수 고유값 $\lambda_1 = 1$, $\lambda_2 = 6$. 먼저 $\lambda_1 = 1$에 속하는 고유벡터를 찾자.

$$\begin{pmatrix} 4-1 & 2 \\ 3 & 3-1 \end{pmatrix}\begin{pmatrix} v_1 \\ v_2 \end{pmatrix} = \begin{pmatrix} 0 \\ 0 \end{pmatrix}$$

$v_1 = \begin{pmatrix} 2 \\ -3 \end{pmatrix}$을 선택한다. 마찬가지로 $\lambda_2 = 6$에 속하는 고유벡터 $v_2 = \begin{pmatrix} 1 \\ 1 \end{pmatrix}$. 따라서 일반해는

$$X = c_1 X_1 + c_2 X_2 = c_1 \begin{pmatrix} 2 \\ -3 \end{pmatrix} e^t + c_2 \begin{pmatrix} 1 \\ 1 \end{pmatrix} e^{6t} \qquad \square$$

참고로 일반해 벡터를 $X = \begin{pmatrix} 2c_1 e^t + c_2 e^{6t} \\ -3c_1 e^t + c_2 e^{6t} \end{pmatrix}$로 쓰면, 첫 번째 미지함수 $x_1(t) = 2c_1 e^t + c_2 e^{6t}$임을 알 수 있다.

(중복도 있는 고유값) 중근인 실수 고유값 λ

첫 번째 벡터해 $X_1(t) = V e^{\lambda t}$로부터 두 번째 벡터해로

$$X_2(t) = V t e^{\lambda t} + W e^{\lambda t} \qquad \cdots (7)$$

을 Guess & Try 해 보자. 제차 연립 선형 미분방정식 (3)에 대입하여

$$V e^{\lambda t} + \lambda V t e^{\lambda t} + \lambda W e^{\lambda t} = A V t e^{\lambda t} + A W e^{\lambda t}$$

정리하여

$$(A - \lambda I) V t e^{\lambda t} + (A - \lambda I) W e^{\lambda t} = V e^{\lambda t} \qquad \cdots (8)$$

로부터 비교하면,

$$(A - \lambda I) V = O \qquad \cdots (9)$$

$$(A - \lambda I) W = V \qquad \cdots (10)$$

로부터 주어지게 되는 것이다.

따라서 고유값 λ가 중근일 때 두 번째 벡터 해 $X_2(t)$는 (9)로부터 고유벡터 V를 먼저 구하고 (10)을 만족하는 벡터 W를 차례대로 구하면 (7)과 같

이 결정된다.

예제 다음 연립 미분방정식

$$x_1' = x_1 - 3x_2$$
$$x_2' = 3x_1 + 7x_2$$

의 일반해를 구해보자.

풀이

계수 행렬 $A = \begin{pmatrix} 1 & -3 \\ 3 & 7 \end{pmatrix}$의 고유방정식

$$(\lambda - 4)^2 = 0$$

으로 고유값 $\lambda = 4$(중근). 이에 속하는 고유벡터 $V = \begin{pmatrix} 1 \\ -1 \end{pmatrix}$를 선택하여 첫 번째 해는

$$X_1 - \begin{pmatrix} 1 \\ -1 \end{pmatrix} e^{4t}$$

이제, 앞의 방법을 따라 (10)에 대응하는 식

$$\begin{pmatrix} -3 & -3 \\ 3 & 3 \end{pmatrix} \begin{pmatrix} w_1 \\ w_2 \end{pmatrix} = \begin{pmatrix} 1 \\ -1 \end{pmatrix}$$

을 풀면, $W = \begin{pmatrix} 0 \\ -\frac{1}{3} \end{pmatrix}$을 선택한 (7)에 대응하는 두 번째 해는

$$X_2(t) = \begin{pmatrix} 1 \\ -1 \end{pmatrix} te^{4t} + \begin{pmatrix} 0 \\ -\frac{1}{3} \end{pmatrix} e^{4t}$$
$$= \begin{pmatrix} t \\ -t - \frac{1}{3} \end{pmatrix} e^{4t}$$

따라서 일반해는

$$X = c_1 X_1 + c_2 X_2$$
$$= c_1 \begin{pmatrix} 1 \\ -1 \end{pmatrix} e^{4t} + c_2 \begin{pmatrix} t \\ -t - \frac{1}{3} \end{pmatrix} e^{4t} = \begin{pmatrix} c_1 + c_2 t \\ -c_1 - c_2\left(t + \frac{1}{3}\right) \end{pmatrix} e^{4t}$$ □

4.4 비제차 연립 미분방정식–미정계수법

비제차 연립 미분방정식의 형태는 벡터와 행렬의 곱을 이용하여 간단히

$$X' = AX + F(t) \qquad \cdots (1)$$

이다. 여기서는 $A=(a_{ij})$는 상수항으로 구성된 $n\times n$ (실)행렬로 제한한다. (1)의 일반해는

$$X = X_c(t) + X_p(t) \qquad \cdots (2)$$

로 $X_c(t)$는 제차 연립 미분방정식 $X' = AX$의 일반해로 (1)의 보조해가 되고, $X_p(t)$는 (1)의 어떤 특수해이다. 앞 절에서 X_c를 구하는 방법을 소개하였으므로, 이 절에서는 X_p를 구해보기로 한다.

초보적으로는 미분방정식에서와 같이 앞에서 배운 미정계수법을 사용할 수 있다. 예제를 통하여 알아보자.

예제 다음 비제차 연립 미분방정식을 풀어 보자.

$$\begin{aligned} x' &= 4x + 2y - 8t \\ y' &= 3x - 4y + 2t + 3 \end{aligned} \qquad \cdots (3)$$

풀이

제차 연립 미분방정식의 일반해는 앞에서와 같은 방법으로(계산 생략)

$$X_c(t) = c_1\begin{pmatrix}1\\-3\end{pmatrix}e^{-2t} + c_2\begin{pmatrix}2\\1\end{pmatrix}e^{5t} \qquad \cdots (4)$$

(4)는 (3)의 비제차항 $\begin{pmatrix}-8t\\2t+3\end{pmatrix}$과 겹치는 부분이 없으므로 (3)의 특수해는 다음과 같은 꼴을 Gusee & Try 해보기로 한다.

$$X_p(t) = At + B = \begin{pmatrix}a_1\\a_2\end{pmatrix}t + \begin{pmatrix}b_1\\b_2\end{pmatrix}$$

대입하여 정리하면

$$a_1 = \frac{2}{5},\ a_2 = \frac{16}{5},\ \text{그리고}\ b_1 = \frac{2}{25},\ b_2 = \frac{1}{25}.$$

즉

$$X_p(t) = \begin{pmatrix} \frac{2}{5}t + \frac{2}{25} \\ \frac{16}{5}t + \frac{1}{25} \end{pmatrix} \qquad \cdots (5)$$

그러므로 (3)의 일반해는 (4), (5)로부터

$$X(t) = c_1\begin{pmatrix} 1 \\ -3 \end{pmatrix}e^{-2t} + c_2\begin{pmatrix} 2 \\ 1 \end{pmatrix}e^{5t} + \begin{pmatrix} \frac{2}{5}t + \frac{2}{25} \\ \frac{16}{5}t + \frac{1}{25} \end{pmatrix} \qquad \square$$

앞의 예에서 벡터 일반해 $X(t)$의 첫 번째 성분함수

$$x(t) = c_1e^{-2t} + 2c_2e^{5t} + \frac{2}{5}t + \frac{2}{25}$$

그리고 두 번째 성분함수

$$y(t) = -3c_1e^{-2t} + c_2e^{5t} + \frac{16}{5}t + \frac{1}{25}$$

를 나타내는 것이다.

예제 다음 비제차 연립 미분방정식을 풀어 보자.

$$\begin{aligned} x' &= 4x + 2y \\ y' &= 3x - y + e^{-2t} \end{aligned} \qquad \cdots (6)$$

풀이 --

$$X_c(t) = c_1\begin{pmatrix} 1 \\ -3 \end{pmatrix}e^{-2t} + c_2\begin{pmatrix} 2 \\ 1 \end{pmatrix}e^{5t} \qquad \cdots (7)$$

이므로(계산 생략) (6)의 비제차항 $\begin{pmatrix} 0 \\ e^{-2t} \end{pmatrix}$와 겹치는 항이 존재한다. 이 경우에는 시험해로

$$X_p = A\,te^{-2t} + B\,e^{-2t} = \begin{pmatrix} a_1 t + b_1 \\ a_2 t + b_2 \end{pmatrix} e^{-2t}$$

를 Guess & Try 해보는 것이다. 실제로 주어진 식에 대입하여 정리하면

$$a_1 = -\frac{2}{7},\ a_2 = \frac{6}{7},\ b_1 = 0,\ b_2 = -\frac{1}{7}$$

이므로

$$X_p = \begin{pmatrix} -\frac{2}{7} \\ \frac{6}{7} \end{pmatrix} te^{-2t} + \begin{pmatrix} 0 \\ -\frac{1}{7} \end{pmatrix} e^{-2t} \qquad \cdots (8)$$

(7), (8)을 합한 일반해 $X(t)$의 각 성분함수는

$$x(t) = c_1 e^{-2t} + 2c_2 e^{5t} - \frac{2}{7} te^{-2t}$$

$$y(t) = -3c_1 e^{-2t} + c_2 e^{5t} + \frac{6}{7} te^{-2t} - \frac{1}{7} e^{-2t} \qquad \square$$

4.5 비제차 연립방정식의 특수해-변수변화법

제차 연립 미분방정식 $X' = AX$의 일반해는

$$X = \Phi(t)\,C \qquad \cdots (1)$$

의 꼴로 나타남을 알 수 있다. 이를테면 아래의 예제 $X' = \begin{pmatrix} -3 & 1 \\ 2 & -4 \end{pmatrix} X$의 일반해

$$\begin{aligned} X_c &= c_1 \begin{pmatrix} 1 \\ 1 \end{pmatrix} e^{-2t} + c_2 \begin{pmatrix} 1 \\ -2 \end{pmatrix} e^{-5t} \\ &= \begin{pmatrix} e^{-2t} & e^{-5t} \\ e^{-2t} & -2e^{-5t} \end{pmatrix} \begin{pmatrix} c_1 \\ c_2 \end{pmatrix} = \Phi(t)\,C \end{aligned}$$

따라서 $\Phi' = A\Phi$. 여기서 $\Phi(t)$는 제차 연립 미분방정식의 일차독립인 벡터해들로 구성된 **기본행렬** **a fundamental matrix**, C는 상수항의 $n\times 1$ 열벡터이다. 앞에서 단일 미분방정식에서와 마찬가지로 C 대신에 함수들을 항으로 하는

$$U(t) = \begin{pmatrix} u_1(t) \\ \vdots \\ u_n(t) \end{pmatrix}$$

로 바꾼

$$X_p = \Phi(t)\,U(t) \qquad \cdots (2)$$

를 비제차 연립 미분방정식

$$X' = AX + F(t) \qquad \cdots (3)$$

의 **시험해** **a trial solution** 로 시도해보자.

실제로 (2)를 (3)에 대입하여 정리하면

$$\Phi U' + \Phi' U = A\Phi U + F \qquad \cdots (4)$$

그런데 $\Phi' = A\Phi$이므로 (4)에 대입하여 정리하면

$$\Phi U' = F$$

$\Phi(t)$는 기본행렬이므로 가역으로 Φ^{-1}를 양변의 좌측에 곱하면

$$U' = \Phi^{-1} F$$

따라서 구하는 (벡터)특수해는

$$X_p = \Phi(t) \int \Phi^{-1}(t) F(t)\, dt \qquad \cdots (5)$$

(3)의 일반해는 앞에서 배운바와 같이 (1), (5)를 합친

$$X(t) = \Phi(t)\, C + \Phi(t) \int \Phi^{-1}(t) F(t)\, dt \qquad \cdots (6)$$

로 간단히 나타낼 수 있다.

예제 $X' = \begin{pmatrix} -3 & 1 \\ 2 & -4 \end{pmatrix} X + \begin{pmatrix} 3t \\ e^{-t} \end{pmatrix}$를 풀어 보자.

풀이

$$X' = \begin{pmatrix} -3 & 1 \\ 2 & -4 \end{pmatrix} X \qquad \cdots (7)$$

를 먼저 풀면 계수행렬의 특성방정식

$$\begin{vmatrix} -3-\lambda & 1 \\ 2 & -4-\lambda \end{vmatrix} = (\lambda+2)(\lambda+5) = 0$$

로부터 그 고유값은 $\lambda_1 = -2$, $\lambda_2 = -5$. 각각에 속하는 고유벡터는 $\begin{pmatrix} 1 \\ 1 \end{pmatrix}$, $\begin{pmatrix} 1 \\ -2 \end{pmatrix}$를 선택하여 (7)의 일차독립 벡터해는 각각

$$X_1 = \begin{pmatrix} 1 \\ 1 \end{pmatrix} e^{-2t}, \quad X_2 = \begin{pmatrix} 1 \\ -2 \end{pmatrix} e^{-5t}$$

그러므로 기본행렬 $\Phi(t)$은 다음과 같다.

$$\Phi(t) = \begin{pmatrix} e^{-2t} & e^{-5t} \\ e^{-2t} & -2e^{-5t} \end{pmatrix} \qquad \cdots (8)$$

(5)로부터

$$X_p = \begin{pmatrix} e^{-2t} & e^{-5t} \\ e^{-2t} & -2e^{-5t} \end{pmatrix} \int \begin{pmatrix} \frac{2}{3}e^{2t} & \frac{1}{3}e^{2t} \\ \frac{1}{3}e^{5t} & -\frac{1}{3}e^{5t} \end{pmatrix} \begin{pmatrix} 3t \\ e^{-t} \end{pmatrix} dt$$

$$= \begin{pmatrix} e^{-2t} & e^{-5t} \\ e^{-2t} & -2e^{-5t} \end{pmatrix} \begin{pmatrix} te^{2t} - \frac{1}{2}e^{2t} + \frac{1}{3}e^{t} \\ \frac{1}{5}te^{5t} - \frac{1}{25}e^{5t} - \frac{1}{12}e^{4t} \end{pmatrix}$$

$$= \begin{pmatrix} \frac{6}{5}t - \frac{27}{50} + \frac{1}{4}e^{-t} \\ \frac{3}{5}t - \frac{21}{50} + \frac{1}{2}e^{-t} \end{pmatrix} \qquad \cdots (9)$$

그러므로 구하는 일반해 (6)은 (8), (9)로부터

$$X = \begin{pmatrix} e^{-2t} & e^{-5t} \\ e^{-2t} & -2e^{-5t} \end{pmatrix} \begin{pmatrix} c_1 \\ c_2 \end{pmatrix} + \begin{pmatrix} \frac{6}{5}t - \frac{27}{50} + \frac{1}{4}e^{-t} \\ \frac{3}{5}t - \frac{21}{50} + \frac{1}{2}e^{-t} \end{pmatrix}$$

$$= c_1 \begin{pmatrix} 1 \\ 1 \end{pmatrix} e^{-2t} + c_2 \begin{pmatrix} 1 \\ -2 \end{pmatrix} e^{-5t} + \begin{pmatrix} \frac{6}{5} \\ \frac{3}{5} \end{pmatrix} t - \begin{pmatrix} \frac{27}{50} \\ \frac{21}{50} \end{pmatrix} + \begin{pmatrix} \frac{1}{4} \\ \frac{1}{2} \end{pmatrix} e^{-t} \qquad \square$$

참고로 초기값 연립 미분방정식

$$\begin{aligned} X' &= AX + F(t) \\ X(t_0) &= X_0 \end{aligned} \qquad \cdots (3)'$$

에 대해서는 앞의 공식 (6)을

$$X(t) = \Phi(t)\,C + \Phi(t) \int_{t_0}^{t} \Phi^{-1}(s)\,F(s)\,ds \qquad \cdots (6)'$$

로 고쳐쓰면, 초기값 조건으로부터 $C = \Phi^{-1}(t_0)X_0$, 따라서 $(3)'$의 해는

$$X(t) = \Phi(t)\Phi^{-1}(t_0)X_0 + \Phi(t)\int_{t_0}^{t} \Phi^{-1}(s)\,F(s)\,ds$$

연습문제

연립 미분방정식

1. 고계 선형 미분방정식 $2y''' - 6y'' + 4y' + y = sin\ t$를 연립 미분방정식 형태로 바꿔 쓰시오.

힌트 $y = x_1, y' = x_2,\ y'' = x_3$

답 $x_1' = x_2$

$x_2' = x_3$

$x_3' = -\frac{1}{2}x_1 - 2x_2 + 3x_3 + \frac{1}{2}sin\ t$

다음 연립 미분방정식의 해를 구하시오.

2. $\frac{dx}{dt} = 2x + 3y$

$\frac{dy}{dt} = 2x + y$

답 $X = c_1\begin{pmatrix}1\\-1\end{pmatrix}e^{-t} + c_2\begin{pmatrix}3\\2\end{pmatrix}e^{4t}$

3. $\frac{dx}{dt} = x + 2y$

$\frac{dy}{dt} = 4x + 3y$

답 $X = c_1\begin{pmatrix}1\\2\end{pmatrix}e^{5t} + c_2\begin{pmatrix}1\\-1\end{pmatrix}e^{-t}$

4. $\frac{dx}{dt} = -4x + y + z$

$\frac{dy}{dt} = x + 5y - z$

$$\frac{dz}{dt} = \qquad y - 3z$$

답 $X = c_1\begin{pmatrix}1\\0\\1\end{pmatrix}e^{-3t} + c_2\begin{pmatrix}10\\-1\\1\end{pmatrix}e^{-4t} + c_3\begin{pmatrix}1\\8\\1\end{pmatrix}e^{5t}$

5. $X' = \begin{pmatrix}4 & 3\\3 & -4\end{pmatrix}X,\ X(0) = \begin{pmatrix}1\\1\end{pmatrix}$

답 $X = \begin{pmatrix}\frac{6}{5}e^{5t} - \frac{1}{5}e^{-5t}\\ \frac{2}{5}e^{5t} + \frac{3}{5}e^{-5t}\end{pmatrix}$

6. $\dfrac{dx}{dt} = 3x - y$

$\dfrac{dy}{dt} = 9x - 3y$

답 $X = c_1\begin{pmatrix}1\\3\end{pmatrix} + c_2\left\{\begin{pmatrix}1\\3\end{pmatrix}t + \begin{pmatrix}\frac{1}{4}\\ -\frac{1}{4}\end{pmatrix}\right\}$

7. $X' = \begin{pmatrix}3 & -18\\2 & -9\end{pmatrix}X$

답 $X = c_1\begin{pmatrix}3\\1\end{pmatrix}e^{-3t} + c_2\left[\begin{pmatrix}3\\1\end{pmatrix}te^{-3t} + \begin{pmatrix}\frac{1}{2}\\0\end{pmatrix}e^{-3t}\right]$

8. $X' = \begin{pmatrix}2 & 4\\-1 & 6\end{pmatrix}X,\ X(0) = \begin{pmatrix}-1\\6\end{pmatrix}$

답 $X = -7\begin{pmatrix}2\\1\end{pmatrix}e^{4t} + 13\begin{pmatrix}2t+1\\t+1\end{pmatrix}e^{4t}$

9. $X' = \begin{pmatrix}1 & 2\\-\frac{1}{2} & 1\end{pmatrix}X$

답 $X = c_1\begin{pmatrix}2\cos t\\-\sin t\end{pmatrix}e^{t} + c_2\begin{pmatrix}2\sin t\\ \cos t\end{pmatrix}e^{t}$

10. $\dfrac{dx}{dt} = 6x - y$

$\dfrac{dy}{dt} = 5x + 2y$

답 $X = c_1\begin{pmatrix} \cos t \\ 2\cos t + \sin t \end{pmatrix} e^{4t} + c_2 \begin{pmatrix} \sin t \\ 2\sin t - \cos t \end{pmatrix} e^{4t}$

다음 연립 미분방정식을 **변수변화법**을 이용하여 풀어라.

11. $\dfrac{dx}{dt} = 3x - 3y + 4$

$\dfrac{dy}{dt} = 2x - 2y - 1$

답 $X = c_1\begin{pmatrix} 1 \\ 1 \end{pmatrix} + c_2\begin{pmatrix} 3 \\ 2 \end{pmatrix} - \begin{pmatrix} 11 \\ 11 \end{pmatrix} t - \begin{pmatrix} 15 \\ 10 \end{pmatrix}$

12. $X' = \begin{pmatrix} 0 & 2 \\ -1 & 3 \end{pmatrix} X + \begin{pmatrix} 1 \\ -1 \end{pmatrix} e^t$

답 $X = c_1\begin{pmatrix} 2 \\ 1 \end{pmatrix} e^t + c_2\begin{pmatrix} 1 \\ 1 \end{pmatrix} e^{2t} + \begin{pmatrix} 3 \\ 3 \end{pmatrix} e^t + \begin{pmatrix} 4 \\ 2 \end{pmatrix} te^t$

13. $X' = \begin{pmatrix} 3 & -1 \\ -1 & 3 \end{pmatrix} X + \begin{pmatrix} 4e^{2t} \\ 4e^{4t} \end{pmatrix}, \quad X(0) = \begin{pmatrix} 1 \\ 1 \end{pmatrix}$

답 $X = \begin{pmatrix} 2 \\ 2 \end{pmatrix} te^{2t} + \begin{pmatrix} -1 \\ 1 \end{pmatrix} e^{2t} + \begin{pmatrix} -2 \\ 2 \end{pmatrix} te^{4t} + \begin{pmatrix} 2 \\ 0 \end{pmatrix} e^{4t}$

14. $X' = \begin{pmatrix} 4 & 1 \\ 6 & 5 \end{pmatrix} X + \begin{pmatrix} 50e^{7t} \\ 0 \end{pmatrix}, \quad X(0) = \begin{pmatrix} 5 \\ -5 \end{pmatrix}$

답 $X = \begin{pmatrix} -2 \\ 4 \end{pmatrix} e^{2t} + \begin{pmatrix} 7 \\ -9 \end{pmatrix} e^{7t} + \begin{pmatrix} 20 \\ 60 \end{pmatrix} te^{7t}$

15. 중복도가 3인 고유값 λ에 대해서는 앞에서 다룬 중근일 때의 벡터해

$$X_1(t) = V e^{\lambda t}$$

$$X_2(t) = W e^{\lambda t} + V t e^{\lambda t}$$

임을 알았다. 세 번째 벡터해로는

$$X_3(t) = U e^{\lambda t} + W t e^{\lambda t} + \frac{1}{2} V t^2 e^{\lambda t} \quad \cdots (11)$$

를 Guess & Try 하면

$$\begin{aligned} (A-\lambda I)V &= O \\ (A-\lambda I)W &= V \\ (A-\lambda I)U &= W \end{aligned}$$

임을 보여라.

16. 계수행렬의 고유값이 복소수 $\lambda = p + iq$인 경우, 그 고유벡터

$$V = A + Bi = \begin{pmatrix} a_1 \\ a_2 \end{pmatrix} + \begin{pmatrix} b_1 \\ b_2 \end{pmatrix} i$$

라 할 때 이에 대응하는 실함수 벡터 일반해를 나타내 보시오.

미분방정식
微分方程式
DIFFERENTIAL
EQUATION

Laplace 변환 5

5.1 Laplace 변환

라플라스 적분변환 **Laplace Integral Transform** 을 이용하면 초기값 미분방정식 IVP을 풀 수 있는 매우 유용한 방법이다.[1)]

$$\int_0^{\infty} K(s,t)\, f(t)\, dt$$

꼴 이상적분에서 $K(s,t) = e^{-st}$로 주어지는 특별한 적분변환이 라플라스 변환이다. 이상적분 **improper integral** 으로 주어지는 적분변환이므로 그 수렴성이 검증되어야 한다. 특정 함수류 **A Class of functions** 에 대해서는 이상적분이 수렴되는 것을 보이기로 한다.

정의

함수 f에 대한 라플라스 변환은

$$L(f) = \int_0^{\infty} e^{-st} f(t)\, dt$$

로 정의된다.

예를 들어 $f(t) = 1$(상수 함수)에 대한 라플라스 변환

$$\begin{aligned} L(1) &= \int_0^{\infty} e^{-st} \cdot 1\ dt \\ &= \left[-\frac{1}{s} e^{-st} \right]_{t=0}^{\infty} = \frac{1}{s}\ \ (\text{if } s > 0) \end{aligned}$$

함수의 기본 단위가 되는 단항식, 삼각함수, 지수함수 또는 그들의 곱에 대한 적분변환표를 만들어 두고 이용하면 편리하다.

1) Initial Value Problem(IVP) 초기값 문제.

Transform of Some Basic Functions

(1) $\mathcal{L}\{1\} = \dfrac{1}{s}$

(2) $\mathcal{L}\{t^n\} = \dfrac{n!}{s^{n+1}},\ n = 1,\ 2,\ 3,\ \cdots$

(3) $\mathcal{L}\{e^{at}\} = \dfrac{1}{s-a}$

(4) $\mathcal{L}\{\sin kt\} = \dfrac{k}{s^2+k^2}$

(5) $\mathcal{L}\{\cos kt\} = \dfrac{s}{s^2+k^2}$

(6) $\mathcal{L}\{\sinh kt\} = \dfrac{k}{s^2-k^2}$

(7) $\mathcal{L}\{\cosh kt\} = \dfrac{s}{s^2-k^2}$

이를테면,

$$L(t^n) = \int_0^\infty e^{-st}\, t^n\, dt$$

$$= -\frac{e^{-st}}{s}\, t^n \Big|_{t=0}^{\infty} + n\int_0^\infty \frac{e^{-st}}{s}\, t^{n-1}\, dt$$

$s > 0$일 때 로피탈 정리를 이용하면

$$= \frac{n}{s}\int_0^\infty e^{-st}\ t^{n-1}\, dt \left(= \frac{n}{s} L(t^{n-1})\right)$$

즉, $s > 0$일 때 $L(t^n) = \dfrac{n}{s} L(t^{n-1})$이므로 반복하면

$$L(t^n) = \frac{n}{s} L(t^{n-1})$$

$$\vdots$$

$$= \frac{n}{s} \cdot \frac{n-1}{s} \cdots \frac{1}{s} \cdot L(1) = \frac{n!}{s^{n+1}}$$

나머지는 간단한 계산 연습으로 남기기로 한다.

Laplace 변환이 가능한 함수류에 대하여 소개하기 위하여 다음 정의가 필요하다.

정의 지수적 차수

적당한 $a,\ M,\ T>0$가 존재하여

$$t>T\text{에 대하여 } |f(t)| \le Me^{at}$$

일 때 함수 f는 **지수적 차수** **exponential order**라 한다.

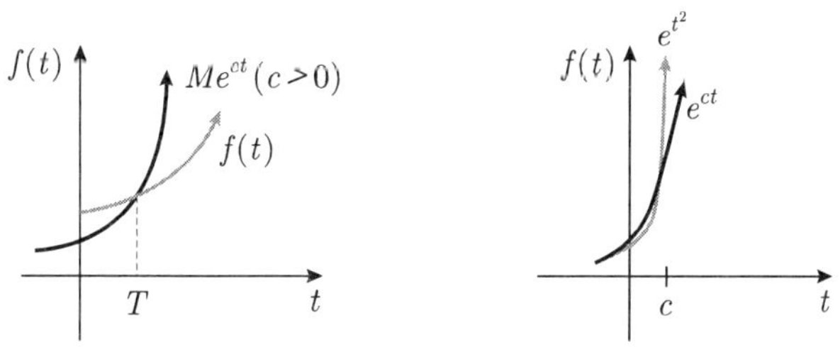

지수적 차수의 뜻은 충분히 큰 t에 대해서 함수의 증가가 지수함수보다는 느린 함수라는 뜻이다. 이를테면, 함수 $t,\ e^{-t},\ 3\cos 2t$ 등은 지수적 차수이다. 그러나 함수 $f(t)=e^{t^2}$은 지수적 차수가 아니다. 왜냐하면

$$\lim_{t\to\infty}\frac{e^{t^2}}{e^{at}}=\infty$$

이기 때문이다.

한편, **구분적 연속** **piecewise continuous** 함수는

(1) 불연속집이 유한개로 제한되고,
(2) 각 불연속점에서는 좌(우)극한이 존재하는

함수들이다.

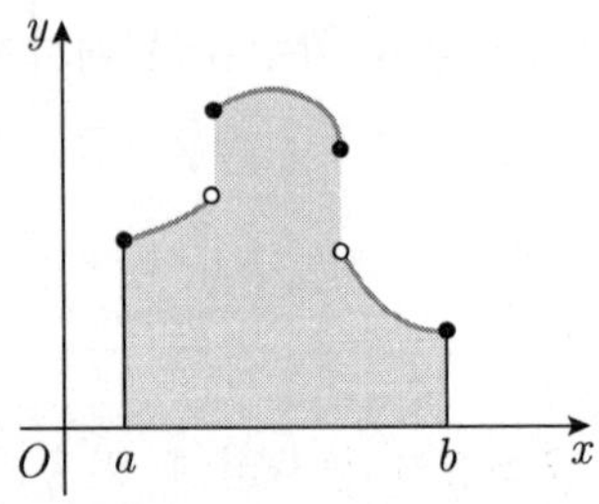

Laplace 변환이 가능한 **함수류** function class 는 다음을 만족하는 함수들임을 알 수 있다.

(1) 지수적 차수 exponential order 이고,

(2) 구분적 연속 piecewise continuous

정리

> 적당한 $a,\ M,\ T>0$가 존재하여
>
> $$t>T\text{에 대하여 } |f(t)| \le Me^{at}$$
>
> 이고, $t \ge 0$ 상에서 구분적 연속함수 f에 대해서는 $L(f)$가 존재한다.

증명

$$\begin{aligned} L(f) &= \int_0^\infty e^{-st} f(t)\, dt \\ &= \int_0^T + \int_T^\infty \end{aligned}$$

여기서 T는 함수 f의 지수적 차수라는 조건 부등식이 성립하는 값이다. 그런데 (첫 번째 적분)에서 (유한) 폐구간 $[0,\ T]$ 상에서 구분적 연속함수 f는 적분가능 integrable. 따라서 (두 번째 적분)만 수렴함을 보이면 충분하다.

$$\begin{aligned} \left| \int_T^\infty e^{-st} f(t)\, dt \right| &\le \int_T^\infty e^{-st} |f(t)|\, dt \\ &\le M \int_T^\infty e^{-(s-a)t}\, dt \end{aligned}$$

$$= M\left[-\frac{1}{s-a}\,e^{-(s-a)t}\right]_{t=T}^{\infty}$$

존재 if $s-a>0$ □

5.2 역변환과 도함수 변환

함수 $f(t)$의 Laplace 변환 $L(f)=F(s)$에 대하여 그 역벽환 $L^{-1}(F)=f(t)$을 Laplace 역변환이라 한다. Laplace 변환은 적분변환 **integal tranform** 으로 선형변환 **linear transform** 이므로 그 역변환인 L^{-1}도 선형변환이 된다.(선형대수 참조) 따라서

$$L^{-1}(F_1+F_2)=L^{-1}(F_1)+L^{-1}(F_2)$$

를 생각하여 Laplace 적분변환표를 이용하면 편리하다.

Some inverse Transforms

(1) $1=\mathcal{L}^{-1}\left\{\frac{1}{s}\right\}$

(2) $t^n=\mathcal{L}^{-1}\left\{\frac{n!}{s^{n+1}}\right\},\ n=1,\ 2,\ 3,\ \cdots$

(3) $e^{at}=\mathcal{L}^{-1}\left\{\frac{1}{s-a}\right\}$

(4) $\sin kt=\mathcal{L}^{-1}\left\{\frac{k}{s^2+k^2}\right\}$

(5) $\cos kt=\mathcal{L}^{-1}\left\{\frac{s}{s^2+k^2}\right\}$

(6) $\sinh kt=\mathcal{L}^{-1}\left\{\frac{k}{s^2-k^2}\right\}$

(7) $\cosh kt=\mathcal{L}^{-1}\left\{\frac{s}{s^2-k^2}\right\}$

예제 $L^{-1}\left(\frac{-2s+6}{s^2+4}\right)$를 구하여 보자.

풀이

$$L^{-1}\left(\frac{-2s+6}{s^2+4}\right)=L^{-1}\left(\frac{-2s}{s^2+4}+\frac{6}{s^2+4}\right)$$

$$= -2L^{-1}\left(\frac{s}{s^2+4}\right) + 3L^{-1}\left(\frac{2}{s^2+4}\right)$$

[Laplace 변환표]로부터

$$= -2\cos 2t + 3\sin 2t \qquad \square$$

미분방정식을 풀기 위하여 종속변수의 도함수들에 대한 Lapalce 변환 공식이 필요하다.

정리

$f, f', \cdots, f^{(n-1)}$은 $[0, \infty)$에서 연속이고 지수적 차수이며, $f^{(n)}(t)$는 구분적 연속이면,

$$L\left(f^{(n)}\right) = s^n L(f) - s^{n-1} f(0) - s^{n-2} f'(0) \cdots - s f^{(n-2)}(0) - f^{(n-1)}(0)$$

증명

귀납적이므로 $n = 1, 2$에 대해서만 보이기로 하겠다.(형식적 증명은 생략)

$$L(f') = \int_0^\infty e^{-st} f'(t)\, dt = e^{-st} f(t)\Big|_{t=0}^{\infty} + s\int_0^\infty e^{-st} f(t)\, dt$$

여기서 f는 지수적 차수, 즉 $\lim_{t\to\infty} \frac{|f(t)|}{e^{st}} \le \lim_{t\to\infty} \frac{Me^{at}}{e^{st}} = \lim_{t\to\infty} Me^{(a-s)t}$이므로 $a - s < 0$, 즉 $s > a$일 때 $\lim_{t\to\infty} \frac{|f(t)|}{e^{st}} = 0$. 따라서

$$L\left(f'\right) = -f(0) + sL(f)$$

마찬가지로

$$L(f^{(2)}) = \int_0^\infty e^{-st} f^{(2)}(t)\, dt = e^{-st} f'(t)\Big|_{t=0}^{\infty} + s\int_0^\infty e^{-st} f'(t)\, dt$$

$$= -f'(0) + sL(f')$$

이므로 앞 단계에서

$$= -f'(0) + s[-f(0) + sL(f)]$$
$$= -f'(0) - sf(0) + s^2L(f) \qquad \square$$

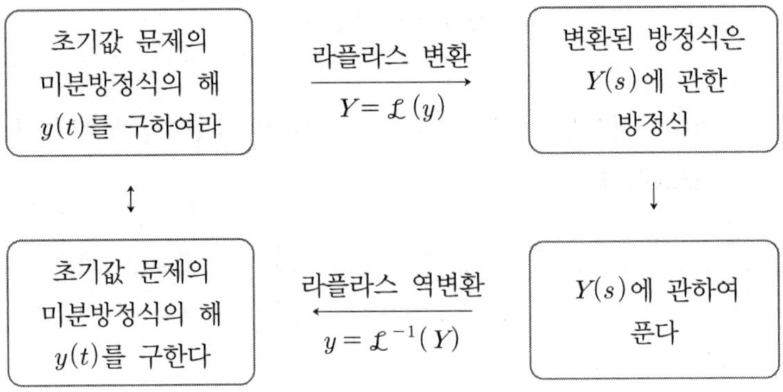

예제 다음 초기값 문제를 풀어보자.

$$y'' - 3y' + 2y = e^{-4t}$$
$$y(0) = 1,\ y'(0) = 5$$

풀이

$$\{s^2L(y) - s\,y(0) - y'(0)\} - 3\{sL(y) - y(0)\} + 2L(y) = \frac{1}{s+4}$$

정리하면

$$L(y) = \frac{s+2}{s^2 - 3s + 2} + \frac{1}{(s^2 - 3s + 2)(s+4)}$$
$$= \frac{s^2 + 6s + 9}{(s-1)(s-2)(s+4)}$$
$$= -\frac{16}{5}\frac{1}{s-1} + \frac{25}{6}\frac{1}{s-2} + \frac{1}{30}\frac{1}{s+4}$$

따라서 표로부터

$$y(t) = -\frac{16}{5}e^{t} + \frac{25}{6}e^{2t} + \frac{1}{30}e^{-4t} \qquad \square$$

5.3 변환정리 1, 2

지금까지 몇 가지 기본 함수들에 대한 Laplace 변환과 그 역변환에 대하여 알아보았다. 그러나 그들의 곱이나 합성에 대해서는 정의로부터 계산하는 것은 번거로울 뿐 아니라 계산이 힘든 경우도 있다. 그러므로 여기서는 다양한 변환을 손쉽게 할 수 있는 정리들을 마련하기로 한다.

다음 공식은 계산이 간단하므로 연습으로 남기기로 한다.(계산 생략)

정리 **제1 변환정리 : Shift** 1st

$$L(e^{at}f) = L(f)\,\big|_{s \mapsto s-a}$$

따라서 $L(f) = F(s)$일 때 $L^{-1}(F(s-a)) = e^{at}f(t)$임을 알 수 있다. 이를테면,

$$\begin{aligned} L(e^{5t}t^3) &= L(t^3)\,\big|_{s \mapsto (s-5)} \\ &= \frac{6}{(s-5)^4} \end{aligned}$$

예제 초기값 미분방정식

$$\begin{aligned} & y'' + 4y' + 6y = 1 + e^{-t} \\ & y(0) = y'(0) = 0 \end{aligned}$$

를 풀어보자.

풀이 --

$$[s^2L(y) - sy(0) - y'(0)] + 4[sL(y) - y(0)] + 6L(y) = \frac{1}{s} + \frac{1}{s+1}$$

정리하면

$$Y(s) = \frac{1}{6}\frac{1}{s} + \frac{1}{3}\frac{1}{s+1} - \frac{1}{2}\frac{(s+2)}{(s+2)^2+2} - \frac{2}{3\sqrt{2}}\frac{\sqrt{2}}{(s+2)^2+2}$$

따라서 변환표로부터 구하는 해는

$$y(t) = \frac{1}{6} + \frac{1}{3}e^{-t} - \frac{1}{2}e^{-2t}cos\ \sqrt{2}\,t - \frac{\sqrt{2}}{3}e^{-2t}sin\ \sqrt{2}\ t \qquad \square$$

구분적으로 정의된 함수 변환

공학이나 물리학에서 실제로 다루는 함수들은 구분적으로 **piecewisely** 주어지는 함수들이므로 그들의 Laplace 변환 방법은 매우 유용하게 된다. 그런데 구분적 연속함수는 단위 계단함수 **unit step function** 를 잘 이용하면 하나의 함수식으로 나타나게 되므로 공식을 이용하는 방법으로 다루게 된다.

스위치를 켜면 전등이 켜졌다가 일정한 시간이 지난 후 자동으로 꺼지는 스위치의 동작원리는 일정한 시각 $t=a$ 직전까지는 0, $t \geq a$일 때는 1에 대응시키는 단위 계단함수를 응용할 수 있다.

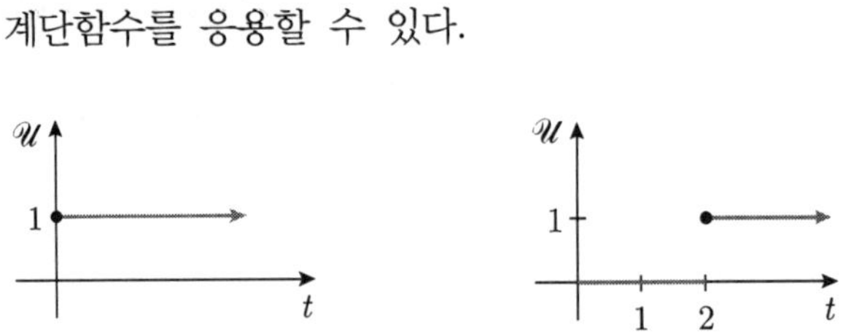

단위 계단함수는

$$U(t-a) = \begin{cases} 0\,, & 0 \leq t < a \\ 1\,, & t \geq a \end{cases}$$

이 단위 계단함수를 이용하여 함수 f를 t축을 따라 a만큼 오른쪽으로 평행이동한 함수를 다음 좌변과 같이 나타낼 수 있다.

$$U(t-a)f(t-a) = \begin{cases} 0 & , 0 \leq t < a \\ f(t-a) & , t \geq a \end{cases}$$

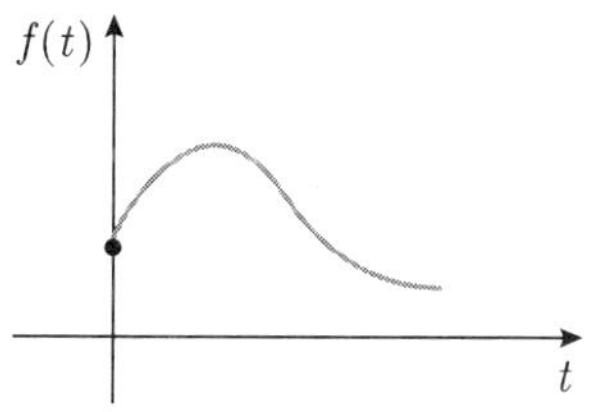

(a) $f(t), t \geq 0$

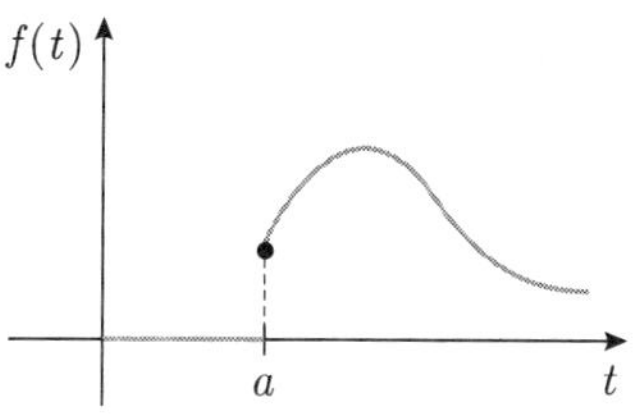

(b) $f(t-a)\ \ U(t-a)$

마찬가지로 구분적으로 정의된 **piecewisely defined** 함수

$$f(t) = \begin{cases} 0 & , \ 0 \leq t < a \\ g(t) & , \ a \leq t < b \\ 0 & , \ t \geq b \end{cases}$$

를 간단히 하나의 식

$$f(t) = g(t)\left[U(t-a) - U(t-b)\right]$$

로 쓸 수 있게 된다. 따라서 단위 계단함수 U의 라플라스 변환과 그 곱의 변환 공식을 만들어 두면 편리하게 이용할 수 있다.

예제 단위 계단함수의 라플라스 변환을 구하여 보자.

풀이

$$L(U(t-a)) = \int_0^\infty e^{-st}\, U(t-a)\, dt$$

$$= \int_a^\infty e^{-st}\, dt = \left[-\frac{1}{s}e^{-st}\right]_{t=a}^\infty = \frac{1}{s}e^{-sa}, \text{ if } s > 0 \qquad \square$$

따라서 $L^{-1}\left(\frac{e^{-as}}{s}\right) = U(t-a)$임을 알 수 있다.

앞에서 소개한 $U(t-a) \cdot f(t-a)$ 꼴의 라플라스 변환 공식은 다음과 같다. 계산 증명은 간단하므로 연습으로 남기기로 한다.(계산 생략)

정리 제2 변환정리 : Shift 2nd

$$L(U(t-a)f(t-a)) = e^{-as}L(f)$$

따라서 $L(f)=F(s)$로 쓰면,

$$L^{-1}\left(e^{-as}F(s)\right) = U(t-a)f(t-a)$$

임을 알 수 있다. 참고로 치환적분을 이용하면 다음과 같다.(계산 생략)

$$L(f(t)\,U(t-a)) = e^{-as}L(f(t+a))$$

예제 $f(t)=\begin{cases}20t\,, & 0 \le t < 5 \\ 0 & ,\ t \ge 5\end{cases}$의 Laplace 변환을 구하여 보자.

풀이

$f(t) = 20t - 20t\,U(t-5)$로 쓸 수 있으므로

$$\begin{aligned} L(f) &= 20L(t) - 20L(t\,U(t-5)) \\ &= \frac{20}{s^2} - 20e^{-5s}L(t+5) \\ &= \frac{20}{s^2} - 20e^{-5s}\left\{\frac{1}{s^2}+\frac{5}{s}\right\} \end{aligned}$$

□

예제 $L^{-1}\left(\dfrac{e^{-\pi s}}{(s-9)^2}\right)$을 구하여 보자.

풀이

변환정리 1로부터 $L^{-1}\left(\dfrac{1}{(s-9)^2}\right) = te^{9t}$이므로

변환정리 2로부터 $L^{-1}\left(\dfrac{e^{-\pi s}}{(s-9)^2}\right) = (t-\pi)e^{9(t-\pi)}\,U(t-\pi)$ □

예제 미분방정식

$$y' + y = f(t),$$
$$y(0) = 5$$

를 풀어라. 여기서 $f(t) = \begin{cases} 0, & 0 \le t < \dfrac{\pi}{2} \\ 3\cos t, & t \ge \dfrac{\pi}{2} \end{cases}$

풀이 ---

$f(t) = 3\cos t \cdot U\left(t - \dfrac{\pi}{2}\right)$로 쓸 수 있으므로

$$L(f) = 3e^{-\frac{\pi}{2}s} L(\cos(t - \frac{\pi}{2}))$$
$$= 3e^{-\frac{\pi}{2}s} L(-\sin t) = -3e^{-\frac{\pi}{2}s} \cdot \frac{1}{s^2+1}$$

따라서 주어진 방정식을 변환하면

$$L(y') + L(y) = L(f)$$
$$sY - y(0) + Y = -3\frac{e^{-\frac{\pi}{2}s}}{s^2+1}$$

정리하면

$$Y = \frac{5}{s+1} - \frac{3}{2}\left\{ -\frac{e^{-\frac{\pi}{2}s}}{s+1} - \frac{e^{-\frac{\pi}{2}s}}{s^2+1} + \frac{e^{-\frac{\pi}{2}s}}{s^2+1} \right\}$$

앞에서 배운 공식과 그 역변환을 이용하면

$$y(t) = 5e^{-t} + \frac{3}{2}\left\{ e^{-\left(t - \frac{\pi}{2}\right)} + \sin\left(t - \frac{\pi}{2}\right) - \cos\left(t - \frac{\pi}{2}\right) \right\} U\left(t - \frac{\pi}{2}\right)$$
$$= 5e^{-t} + \frac{3}{2}\left\{ e^{-\left(t - \frac{\pi}{2}\right)} - \cos t - \sin t \right\} U\left(t - \frac{\pi}{2}\right)$$ □

5.4 여러 가지 변환 공식

미분방정식에는 $t^n f(t)$ 꼴의 함수가 자주 나타나므로 공식을 마련하기로 한다.

정리

$$L(t^n f) = (-1)^n \, [L(f)]^{(n)}$$

증명

귀납적이므로 여기서는 $n=1,\ 2$에 대해서만 계산해 보기로 한다.(형식적 증명은 생략)

$$\begin{aligned} L(tf) &= \int_0^\infty e^{-st}\,[t\,f(t)]\,dt \\ &= \int_0^\infty \frac{\partial}{\partial s}\big(-e^{-st} f(t)\big)\,dt \\ &= -\frac{d}{ds}\left[\int_0^\infty e^{-st} f(t)\,dt\right] = (-1)[L(f)]' \end{aligned}$$

$$L(t^2 f) = L(t \cdot tf)$$

이므로 앞 단계에서

$$= -\frac{d}{ds}\,[L(tf)]$$

앞 단계의 결과를 거듭 이용하면

$$= -\frac{d}{ds}\left(-\frac{d}{ds}\,[L(f)]\right) = (-1)^2\,[L(f)]^{(2)}$$ □

예제

$$L(t\ sin\ 4t) = -\frac{d}{ds}\,[L(sin\,4t)] = -\frac{d}{ds}\left[\frac{4}{s^2+16}\right]$$

공학이나 물리학의 미분방정식에는 주기함수가 자주 나타나므로 주기함수에 대한 공식을 마련하기로 한다. 주기함수에 대한 다음 공식은 간단한 치환으로 얻을 수 있으므로 연습으로 남기기로 한다.

정리 주기함수

$t \geq 0$상에서 구분적 연속이고, 지수적 차수인 함수 f가

$$f(t+T) = f(t)$$

일 때

$$L(f) = \frac{1}{1-e^{-sT}} \int_0^T e^{-st} f(t)\, dt$$

5.5 연립 미분방정식의 풀이

미분방정식을 Laplace 변환하면 대수방정식(묶고, 나누는)이 된다. 따라서 연립 미분방정식을 풀 때 Laplace 변환을 이용하면 (대수적)연립방정식을 만나게 된다.

예제 초기값 연립 미분방정식

$$x''(t)+10x'(t)-4y=0$$
$$-4x(t)+y''(t)+4y=0$$
$$x'(0)=0,\ y'(0)=-1$$

을 풀어보자.

풀이

$L(x)=X(s),\ L(y)=Y(s)$로 쓰고, 변환하면

$$s^2X-1+10X-4Y=0$$
$$(s^2+10)X-4Y=1$$

로 X, Y에 대한 1차 연립방정식이다. 이것을 풀어 [변환표]에 맞게 정리하면

$$X=\frac{s^2}{(s^2+2)(s^2+12)}=-\frac{1}{5}\frac{1}{s^2+2}+\frac{6}{5}\frac{1}{s^2+12}$$
$$Y=\frac{s^2+16}{(s^2+2)(s^2+12)}=-\frac{2}{5}\frac{1}{s^2+2}-\frac{3}{5}\frac{1}{s^2+12}$$

각각 [변환표]를 이용하면

$$x(t)=-\frac{\sqrt{2}}{10}sin\ \sqrt{2}\ t+\frac{\sqrt{3}}{5}sin\ 2\sqrt{3}\ t$$
$$y(t)=-\frac{\sqrt{2}}{5}sin\ \sqrt{2}\ t-\frac{\sqrt{3}}{10}sin\ 2\sqrt{3}\ t$$

□

5.6 볼테라 적분방정식

대부분의 책에서 적분 $\int_0^x f(x-t)g(t)\,dt$를 convolution of f, g라 하고, 간단히 $f*g$라고 나타낸다. $f*g$의 성질에 대한 자세한 설명은 생략한다.

정리

$$L(f*g)=L(f)\cdot L(g)$$

증명

$$\begin{aligned} L(f)L(g) &= \int_0^\infty e^{-s\tau}f(\tau)\,d\tau\int_0^\infty e^{-s\beta}g(\beta)\,d\beta \\ &= \int_0^\infty\int_0^\infty e^{-s(\tau+\beta)}f(\tau)g(\beta)\;d\tau d\beta \\ &= \int_0^\infty f(\tau)\,d\tau\int_0^\infty e^{-s(\tau+\beta)}\,g(\beta)\;d\beta \end{aligned}$$

τ를 고정시키고 $t=\tau+\beta$로 치환하면, $dt=d\beta$이므로 적분순서를 바꾸면

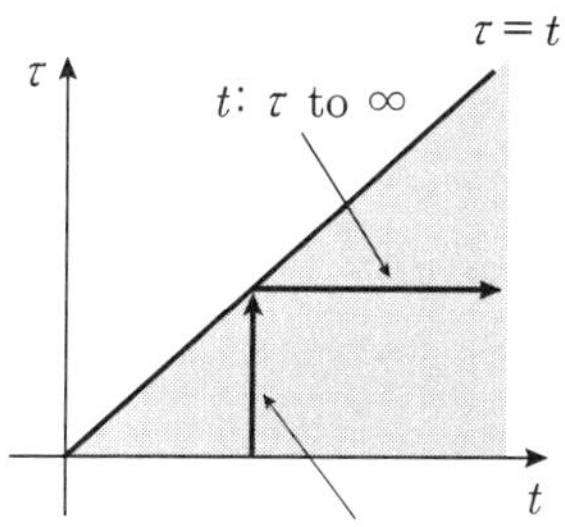

$$\begin{aligned} &= \int_0^\infty f(\tau)\;d\tau\int_\tau^\infty e^{-st}\,g(t-\tau)\,dt \\ &= \int_0^\infty e^{-st}\left(\int_0^t f(\tau)g(t-\tau)\;d\tau\right)dt \\ &= L(f*g) \end{aligned}$$

□

특별히 $g=1$인 경우를 생각하면,

$$L\left(\int_0^x f(t)\,dt\right)=\frac{1}{s}\,L(f)$$

임을 알 수 있다.

앞 공식을 이용하여 **볼테라 Volterra 적분방정식**

$$y(x)=h(x)+\int_0^x f(x-t)y(t)\,dt$$

을 쉽게 풀 수 있다.

예제

$$y(x)=x^3+\int_0^x \sin(x-t)y(t)\,dt$$

을 풀어 보자.

풀이 ---

라플라스 변환을 하면, 앞 정리에 따라

$$L(y)=L(x^3)+L(\sin x)L(y)$$

즉,

$$L(y)=\frac{L(x^3)}{1-L(\sin x)}=\frac{\frac{3!}{s^4}}{1-\frac{1}{1+s^2}}$$

$$=\frac{3!}{s^4}+\frac{3!}{s^6}$$

[적분변환표]를 참조하면

$$y(x)=x^3+\frac{x^5}{20}$$ □

예제 적분방정식

$$f(t)=4t-3\int_{0}^{t} f(\beta)\, sin(t-\beta)\, d\beta$$

를 풀어 보자.

풀이 --

양변을 라플라스 적분변환을 하면,

$$\begin{aligned}\mathcal{L}(f) &= 4\,\mathcal{L}(t)-3\,\mathcal{L}(f)\cdot\mathcal{L}(sin\, t)\\ &= \frac{4}{s^{2}}-\frac{1}{s^{2}+1}\mathcal{L}(f)\end{aligned}$$

따라서

$$f(t)=\mathcal{L}^{-1}\left\{\frac{1}{s^{2}}+\frac{3}{s^{2}+4}\right\}=t+\frac{3}{2}sin\, 2t \qquad \square$$

예제 적분방성식

$$f(x)=\frac{1}{2}x^{2}-\int_{0}^{x}(x-\beta)f(\beta)\, d\beta$$

를 풀어보자.

풀이 --

양변을 라플라스 적분변환을 하면,

$$\mathcal{L}(f)=\frac{1}{s^{3}}-\mathcal{L}(f)\cdot\frac{1}{s^{2}}$$

따라서

$$f(t)=\mathcal{L}^{-1}\left\{\frac{1}{s}-\frac{s}{s^{2}+1}\right\}-1-cos\ x \qquad \square$$

볼테라는 피렌체 **Florence**에서 강의를 거들어 1878년 피사 **Pisa**로 진학할 수 있었다. 베티 **Betti**의 지도하에 1882년 물리학 박사학위 **Doctor of Physics**를 받는다. 그의 학위 논문은 유체 역학 **hydrodynamics**에 관한 것으로 스토크스 **Stokes**의 몇 가지 결과가 포함되는 데, 그가 얻은 결과와 독립적인 것이었다.

볼테라 **Volterra**의 적분방정식에 대한 초기 연구는 힐버트 **Hilbert**, 후레드홀름 **Fredholm**의 연구 결과와 함께 20세기 전반부의 연구를 주도하는 선형해석에 대한 총체적 개발을 자극하는 것이었다. 1차 세계대전 후 로마 대학 **University of Rome**에서 수리 생물학 **Mathematical Biology**에 관심을 갖게 되어 Verhurst 방정식과 Logistic 곡선을 다루게 된다. 또 포식자-먹이 **Prey-Predator** 방정식을 다루었다.

볼테라는 국제 수학자 회의 **ICM** 총회에서 네 번의 강연을 하였는데 이것은 수학사에 있어서 기억될 만한 가치가 있는 일이다.

연습문제

Laplace 변환

다음 Laplace 변환을 구하시오.

1. $L(sin\ 2x)(s)$

답 $\dfrac{2}{s^2+4}$

2. $L\{3x-5\,sin\ 2x\}$

답 $\dfrac{-7s^2+12}{s^2(s^2+4)}$

3. $L(x^2 e^{-2x})$

답 $\dfrac{2}{(s+2)^3}$

4. $f(x)=\begin{cases}0, & 0 \le x < 3\\ 2, & x \ge 3\end{cases}$에 대한 $L(f)$

답 $\dfrac{2e^{-3s}}{s}$

5. $L(sin^2\ x)$

답 $\dfrac{2}{s(s^2+4)}$

6. $\alpha > -1$에 대해서 다음이 성립함을 보이시오.

$$L(x^{\alpha})=\frac{\Gamma(\alpha+1)}{s^{\alpha+1}}$$

7. 이것을 이용하여 $L(\sqrt{x})$

답 $\dfrac{\frac{1}{2}\Gamma\left(\frac{1}{2}\right)}{s^{\frac{3}{2}}}=\dfrac{\sqrt{\pi}}{2s^{\frac{3}{2}}}$

Laplace 역변환

8. $L^{-1}\left(\dfrac{3s+5}{s^2+7}\right)$

답 $3cos\ \sqrt{7}\ x+\dfrac{5}{\sqrt{7}}sin\ \sqrt{7}\ x$

9. $L^{-1}\left(\dfrac{1}{(s-1)(s+2)(s+4)}\right)$

답 $\dfrac{1}{15}e^{x}-\dfrac{1}{6}e^{-2x}+\dfrac{1}{10}e^{-4x}$

10. $L^{-1}\left(\dfrac{s+1}{s^2(s+2)^3}\right)$

답 $-\dfrac{1}{16}+\dfrac{1}{8}x+\dfrac{1}{16}e^{-2x}-\dfrac{1}{8}x^2e^{-2x}$

11. $L^{-1}\left(\dfrac{3s-2}{s^3(s^2+4)}\right)$

답 $\dfrac{1}{8}+\dfrac{3}{4}x-\dfrac{1}{4}x^2-\dfrac{1}{8}cos\ 2x-\dfrac{3}{8}sin\ 2x$

여러 가지 공식

12. $L\{e^{5x}x^3\}$

답 $\dfrac{6}{(s-5)^4}$

13. $L\{e^{-2x}cos\ 4x\}$

답 $\dfrac{(s+2)}{(s+2)^2+16}$

14. $L^{-1}\left\{\dfrac{s}{s^2+6s+11}\right\}$

답 $e^{-3x}cos\ \sqrt{2}\,x-\dfrac{\sqrt{3}}{2}e^{-3x}sin\ \sqrt{2}\,x$

15. $L^{-1}\left\{\dfrac{1}{(s-1)^3}+\dfrac{1}{s^2+2s-8}\right\}$

답 $\dfrac{1}{2}e^x x^2+\dfrac{1}{3}e^{-x}sinh\ 3x$

구분적으로 정의된 함수

16. $f(x)=\begin{cases} g(x)\ , 0\le x<a \\ h(x)\ , \quad x\ge a \end{cases}$를 계단함수를 이용하여 나타내시오.

답 $f(x)=g(x)-g(x)U(x-a)+h(x)U(x-a)$

17. $f(x)=\begin{cases} 0 \quad\ , 0\le x<a \\ g(x)\ , a\le x<b \\ 0 \quad\ , \quad x\ge b \end{cases}$ 를 계단함수를 이용하여 나타내시오.

답 $f(x)=g(x)[U(x-a)-U(x-b)]$

18. $L\{(x-2)^3U(x-2)\}$

답 $\dfrac{6}{s^4}e^{-2s}$

19. $f(x)=\begin{cases} 2 \quad\ , \ 0\le x<2 \\ -1\ , \ 2\le x<3 \\ 0 \quad\ , \quad x\ge 3 \end{cases}$를 계단함수를 이용하여 나타내고, $L(f)$를 구하시오.

답 $f(x)=2-3U(t-2)+U(t-3),\ \dfrac{2}{s}-3\dfrac{e^{-2s}}{s}+\dfrac{e^{-3s}}{s}$

20. $L^{-1}\left\{\dfrac{e^{-\frac{\pi s}{2}}}{s^2+9}\right\}$

답 $\frac{1}{3}cos\, 3x\, U(x-\frac{\pi}{2})$

여러 가지 공식

21. $L\{te^{3x}\}$

답 $\dfrac{1}{(s-3)^2}$

22. $L\{x^2 sin\ kx\}$

답 $\dfrac{6ks^2-2k^3}{(s^2+k^2)^3}$

23. $L\{xe^{-x} cos\ x\}$

답 $\dfrac{(s+1)^2-1}{[(s+1)^2+1]^2}$

24. $L\{kx cos\ kx + sin\ kx\}$에 대하여 $kx cos\ kx + sin\ kx = \dfrac{d}{dx}(x\, sin\ kx)$임을 이용하여 구하시오.

답 $\dfrac{2ks^2}{(s^2+k^2)^2}$

초기값 미분방정식과 Laplace 해법

25. $\dfrac{dy}{dt} - 3y = e^{2t},\ y(0)=1$

답 $y(t) = -e^{2t} + 2e^{3t}$

26. $y'' - 6y' + 9y = t^2 e^{3t},\ y(0) = 2,\ y'(0) = 6$

답 $y(t) = 2e^{3t} + \frac{1}{12}t^4 e^{3t}$

27. $y'' + 4y' + 6y = 1 + e^{-t},\ y(0) = 0,\ y'(0) = 0$

답 $\frac{1}{6} + \frac{1}{3}e^{-t} - \frac{1}{2}e^{-2t}\cos\sqrt{2}\,t - \frac{\sqrt{2}}{3}e^{-2t}\sin\sqrt{2}\,t$

28. $x'' + 16x = f(t),\ x(0) = 0,\ x'(0) = 1$

여기서 $f(t) = \begin{cases} \cos 4t, & 0 \le t < \pi \\ 0, & t \ge \pi \end{cases}$

답 $x(t) = \begin{cases} \frac{1}{4}\sin 4t + \frac{1}{8}t\sin 4t, & 0 \le t < \pi \\ \frac{2+\pi}{8}\sin 4t, & t \ge \pi \end{cases}$

적분방정식

29. $e^x * \sin x$

답 $\frac{1}{2}(-\sin x - \cos x + e^x)$

30. $L\left\{\int_0^x e^{\tau}\sin(x-\tau)\,d\tau\right\}$

답 $\frac{1}{(s-1)(s^2+1)}$

31. $L^{-1}\left\{\frac{1}{(s-1)(s+4)}\right\} = \int_0^x e^{\tau}e^{-4(x-\tau)}\,d\tau$임을 설명하고, (우변)을 계산하여라.

답 $\frac{1}{5}e^x - \frac{1}{5}e^{-4x}$

32. $f(t) = 3t^2 - e^{-t} - \int_0^t f(\tau)e^{t-\tau}\,d\tau$

답 $f(t) = 3t^2 - t^3 + 1 - 2e^{-t}$

33. $f(t) + \int_0^t (t-\tau) f(\tau)\, d\tau = t$

답 $f(t) = sin\, t$

34. $f(t) + \int_0^t f(\tau)\, d\tau = 1$

답 $f(t) = e^{-t}$

미분방정식
微分方程式
DIFFERENTIAL
EQUATION

급수해법 6

6.1 변수계수 미분방정식

지금까지는 2계 이상의 고계 미분방정식은 상수계수 **constant coefficients** 선형 미분방정식을 풀었다. 그러나 중요한 변수계수 미분방정식들을 응용에서 실제로 만나게 된다. 이를테면, 구각 **spherical shell** 영역 내의 온도분포 또는 중력 포텐셜 **potential** 함수 u에 대해서

$$r\frac{d^2u}{dr^2}+2\frac{du}{dr}=0$$

가 성립된다. 여기서 r은 구의 중심으로부터의 거리를 나타내는 변수이다. 포텐셜, 온도분포, 진동문제로부터 양자역학에 이르는 응용에서

$$x^2y''+xy'+(x^2-p^2)y=0$$
$$(1-x^2)y''-2xy'+n(n+1)y=0$$
$$y''-2xy'+2ny=0$$

들과 같이 변수계수를 가진 미분방정식들이 나타나게 된다.

2계 이상의 변수계수 미분방정식들은 상수계수 선형 미분방정식과 같이 손쉽게 다룰 수 없다. 이를테면,

$$y''-2xy=0$$

같이 간단한 미분방정식의 해는 단항식, 싸인과 코싸인, 로그와 지수 등 기본함수 **elementary functions** 로 나타낼 수 없고, 멱급수 형태로 주어지는 해를 찾을 수 있다. 그러나 변수계수 미분방정식 중 **코시–오일러 Cauchy-Euler** 방정식

$$ax^2y''+bxy'+cy=0$$

은 그 특별한 형태 때문에 해를 기본함수로 나타낼 수 있게 된다.

Cauchy-Euler 방정식

미분방정식

$$x^2 y'' - 5xy' + 9y = 0 \qquad \cdots (1)$$

과 같이 미분횟수 만큼 계수의 차수가 같은 형태의 미분방정식을 **코시-오일러 방정식**이라 한다. Guess & Try 해보면

$$y = x^r \qquad \cdots (2)$$

꼴을 해로 갖는다. 실제로 대입하여 정리하면

$$[r(r-1) - 5r + 9]\,x^r = 0$$

이므로 **보조방정식** auxiliary equation

$$r(r-1) - 5r + 9 = 0 \qquad \cdots (3)$$

보조방정식을 풀면 $r = 3$(중근)이 되어 첫 번째 해는 $y_1(x) = x^3$이 된다. 이제 주어진 해로부터 <u>두 번째 해를 구하는 방법</u>을 소개하기로 한다.

두 번째 해 공식(계수 내림 방법)

2계 미분방정식 선두 계수 a leading coefficient 로 나누어 정리한

$$y'' + p(x)y' + q(x)y = 0 \qquad \cdots (4)$$

단, p, q는 구간 I 상에서 연속이라 하자. 이제 하나의 해 y_1이라 할 때,

$$y_2(x) = v(x)y_1(x) \qquad \cdots (5)$$

를 Guess & Try 해 보면

$$v\left[y_1'' + py_1' + qy_1\right] + v''y_1 + 2v'y_1' + pv'y_1 = 0$$

따라서

$$y_1 v'' + (2y_1' + py_1)v' = 0 \qquad \cdots (6)$$

그런데 v'에 대해서는 일계이다. 즉, $v'=u$로 쓰면, u에 대한 1계 선형(**계수 내림 reduction of order**)

$$u' + \left(2\frac{y_1'}{y_1} + p\right)u = 0 \qquad \cdots (7)$$

따라서

$$u(x) = c\, e^{-\int\left(2\frac{y_1'}{y_1}+p\right)}$$
$$= c\, e^{ln\,(y_1^{-2})}\, e^{-\int p} = c\,\frac{1}{y_1^2}\, e^{-\int p}$$

$c-1$로 선택하면

$$v(x) = \int \frac{e^{-\int p}}{y_1^2}$$

따라서 구하는 두 번째 해의 공식

$$y_2(x) = y_1 \int \frac{e^{-\int p}}{y_1^2} \qquad \cdots (8)$$

당연히 y_1, y_2는 일차독립인 해가 된다.

앞의 예로 되돌아 가보자.

예제 코시-오일러 방정식

$$x^2 y'' - 5xy' + 9y = 0$$

를 풀어 보자.

풀이 ---

보조방정식을 풀면 $r=3$(중근)이 되어 첫 번째 해는 $y_1(x) = x^3$이 된다. 이제

$$y'' - \frac{5}{x}y' + \frac{9}{x^2}y = 0$$

로 정리하고 **두 번째 해 공식** (8)을 이용하면

$$y_2(x) = x^3 \int \frac{e^{-\int\left(-\frac{5}{x}\right)}}{x^6}$$

$$= x^3 \int \frac{1}{x} = x^3 \ ln\ x \qquad \square$$

보조방정식은 이차방정식이므로 다음 3가지 경우로 나뉜다.

Case 1 서로 다른 실근 $r_1 \neq r_2$

x^{r_1}, x^{r_2}는 일차독립이므로 일반해 $y(x) = c_1 x^{r_1} + c_2 x^{r_2}$

Case 2 중근 $r_1 = r_2$

$y_1(x) = x^{r_1}$에 대한 **두 번째 해 공식**으로부터 $y_2(x) = x^{r_1}\, ln\ x$ 꼴 해를 얻게 되므로 일반해는

$$y(x) = c_1 x^{r_1} + c_2 x^{r_1}\, ln\ x$$

Case 3 켤레복소수근 $r_1 = \alpha + i\beta$, $r_2 = \alpha - i\beta$

이 경우 복소지수법칙에 따라

$$x^{r_1} = x^{\alpha + i\beta} = x^{\alpha}\, x^{i\beta}.$$

그런데 $x^{i\beta} = \left(e^{ln\ x}\right)^{i\beta} = e^{i(\beta\ ln\ x)}$로 쓸 수 있고, $e^{i\theta} = cos\ \theta + i\ sin\ \theta$ (Euler)로부터

$$x^{r_1} = x^{\alpha}\left[cos\ (\beta\, ln\ x) + i\, sin\, (\beta\, ln\, x)\right]$$

가 되어

$$x^{\alpha} cos\, (\beta\ ln\, x),\ x^{\alpha}\, sin(\beta\ ln\, x)$$

가 포함된 (실)함수 해가 됨을 알 수 있다. 따라서 일반해는

$$y(x) = x^{\alpha}\left[c_1 cos\, (\beta ln\ x) + c_2\, sin\, (\beta ln\, x)\right]$$

6.2 멱급수해

지금까지 우리는 1계 미분방정식과 상수계수의 2계를 중심하는 선형 미분방정식에 대한 풀이법을 배웠다. 그러나 대부분의 미분방정식은 풀이법이 없거나 기본적인 함수들로 구성되는 해를 구할 수 없는 경우이다.

이를테면 $xy'' + y' + xy = 0$ 같이 간단해 보이는 방정식도 기본적인 함수들, 즉 유리함수, 삼각함수, 지수함수, 로그함수, 그리고 각각의 역함수 및 그들의 곱이나 합성으로 구해지지 않는 것이다. 여기서는 멱급수의 형태로 존재하는 함수해에 대하여 알아 보기로 한다.

멱급수해법

예제를 통한 **예시 방법**(a demonstration or an illustration)으로 멱급수해법 **a method of power series** 을 소개하기로 한다.

예제 미분방정식

$$y'' - xy = 0 \qquad \cdots (1)$$

의 멱급수해를 구하여 보자.

풀이

멱급수 형태의 해 $y = \sum_{n=0}^{\infty} c_n x^n$를 Guess & Try 해보자.

미분하면(항별미분)

$$y' = \sum_{n=1}^{\infty} n c_n x^{n-1}, \quad y'' = \sum_{n=2}^{\infty} n(n-1) c_n x^{n-2}$$

이므로 (1)에 대입하여 정리하면

$$\sum_{n=2}^{\infty} n(n-1) c_n x^{n-2} - \sum_{n=0}^{\infty} c_n x^{n+1} = 0$$

첫 번째는 상수항, 두 번째는 x^1 부터 시작되므로 우선 지수를 맞추기 위하여, 첫 번째에 $n \mapsto (n+3)$으로 바꾸어 쓰면

$$\sum_{n=-1}^{\infty}(n+3)(n+2)c_{n+3}x^{n+1} - \sum_{n=0}^{\infty}c_n x^{n+1} = 0$$

첫 번째에서 첫 항을 따로 쓰면, 나머지는 공통항이 되어

$$2 \cdot 1 c_2 + \sum_{n=0}^{\infty}\left[(n+3)(n+2)c_{n+3} - c_n\right]x^{n+1} = 0 \qquad \cdots (2)$$

따라서 계수에 대한 순환식 **a recursion** 을 얻는다.

$$c_2 = 0$$
$$\left[(n+3)(n+2)c_{n+3} - c_n\right] = 0,\ n = 0,\ 1,\ 2,\ \cdots \qquad \cdots (3)$$

따라서 점화식 **recurrence relation** $c_{n+3} = \dfrac{1}{(n+3)(n+2)}c_n$을 반복하여 정리하면,

$$c_0,\ c_3 = 3c_0,\ c_6 = \frac{1 \cdot 4}{6!}c_0,\ \cdots,\ c_{3n} = \frac{1 \cdot 4 \cdot 7 \cdots (3n-2)}{(3n)!}c_0$$
$$c_1,\ c_4 = \frac{1}{3 \cdot 4}c_1,\ c_7 = \frac{2 \cdot 5}{7!}c_1,\ \cdots,\ c_{3n+1} = \frac{2 \cdot 3 \cdot 8 \cdots (3n-1)}{(3n+1)!}c_1$$
$$c_2 = c_5 = c_8 = \cdots = c_{3n+2} = 0$$

을 얻는다. 그러므로 멱급수해

$$y(x) = c_0\left[1 + \frac{1}{3!}x^3 + \cdots + \frac{1 \cdot 4 \cdot 7 \cdots (3n-2)}{(3n)!}x^{3n} + \cdots\right]$$
$$+ c_1\left[x + \frac{1}{4!}x^4 + \cdots + \frac{2 \cdot 5 \cdot 8 \cdots (3n-1)}{(3n+1)!}x^{3n+1} + \cdots\right] \qquad \cdots (4)$$

를 얻었다. □

실제로 $y = c_0 y_0(x) + c_1 y_1(x)$로 나타내면 두 개의 임의의 상수 c_0, c_1를 파라미터 **parameters** 로 하는 일반해 **general solution** 형태로 주어진 것을 알 수 있다.

참고로 두 멱급수해 y_0, y_1 모두 멱급수의 수렴반경 공식을 이용하여 계산하면 수렴반경은 ∞, 즉 모든 x에 대하여 수렴함을 알 수 있다. 미적분 기초 연습으로 남기기로 한다.

6.3 Frobenius 해법

변수계수 이계 미분방정식

$$a_2(x)y'' + a_1(x)y' + a_0(x) = 0 \qquad \cdots (1)$$

$a_2(0) \neq 0$일 때, 선두계수 $a_2(x)$로 나누어 정리한

$$y'' + p(x)y' + q(x)\,y = 0$$

에 대하여

$$x\,p(x),\ \ x^2 q(x)$$

가 적당한 구간 $0 < x < b$에서 맥로린 급수전개 **Maclaurin series expansion**가 가능할 때 $x = 0$를 **정칙특이점 a regular singular point**이라 한다. 예를 들어 $x = 0$는 $y'' + \frac{1}{x}y' + \frac{1}{x^2}\,y = 0$의 정칙특이점이다.

다음 정리는 아래의 예들을 통하여 정리해보기로 한다.

정리 Frobenius 해법

$$y'' + p(x)y' + q(x)\,y = 0 \qquad \cdots (2)$$

의 정칙특이점 $x = 0$의 근방에서 일반해는 다음 둘 중 하나의 형태가 된다.

$$y = A\sum_{n=0}^{\infty} a_n x^{n+r_1} + B\sum_{n=0}^{\infty} b_n x^{n+r_2} \qquad \cdots (3)$$

또는

$$y = (A + B\ln x)\sum_{n=0}^{\infty} a_n x^{n+r_1} + C\sum_{n=0}^{\infty} b_n x^{n+r_2} \qquad \cdots (4)$$

예제 변수 계수 이계 선형미분방정식

$$xy'' + 3y' - y = 0$$

의 해를 구하여 보자.

풀이

$x=0$는 정칙 특이점이므로 Frobenius 해법에 따라 $y=\sum c_n x^{n+r}$을 대입하여 정리하면(계산 과정 생략)

$$\begin{aligned} & xy'' + 3y' - y \\ &= x^r \left[r(r+2)c_0 x^{-1} + \sum_{k=0}^{\infty} \left[(k+r+1)(k+r+3)c_{k+1} - c_k \right] x^k \right] = 0 \end{aligned}$$

따라서 지표방정식 **indical equation** $r(r+2)=0$의 해 $r_1=0$, $r_2=-2$로 $r_1-r_2=2$인 경우이다(6.5절 참조). 따라서 $r_1=0$에 대한 첫 번째 해

$$\begin{aligned} y_1 &= \sum_{n=0}^{\infty} \frac{2}{n!\,(n+2)!} x^n \qquad \cdots (1) \\ &= 1 + \frac{1}{3}x + \frac{1}{24}x^2 + \frac{1}{360}x^3 + \cdots \end{aligned}$$

주어진 해로부터 **두 번째 해를 구하는 공식**을 이용하여

$$\begin{aligned} y_2 &= y_1 \int \frac{e^{-\int \frac{3}{x}}}{{y_1}^2}\, dx \\ &= y_1 \int \frac{1}{x^3\left(1 + \frac{1}{3}x + \frac{1}{24}x^2 + \frac{1}{360}x^3 + \cdots\right)^2}\, dx \\ &= y_1 \int \frac{1}{x^3\left[1 + \frac{2}{3}x + \frac{7}{36}x^2 + \frac{1}{30}x^3 + \cdots\right]}\, dx \\ &= y_1 \int \frac{1}{x^3}\left[1 - \frac{2}{3}x + \frac{1}{4}x^2 - \frac{19}{270}x^3 + \cdots\right] dx \\ &= y_1 \int \left[\frac{1}{x^3} - \frac{2}{3x^2} + \frac{1}{4x} - \frac{19}{270} + \cdots\right] dx \end{aligned}$$

$$= y_1 \left[-\frac{1}{2x^2} + \frac{2}{3x} + \frac{1}{4} ln\, x - \frac{19}{279} x + \cdots \right]$$

$$= \frac{1}{4} y_1(x)\, ln\, x + y_1(x) \left[-\frac{1}{2x^2} + \frac{2}{3x} - \frac{19}{270} x + \cdots \right] \qquad \cdots (2)$$

그러므로 구간 $(0, \infty)$ 상의 일반해

$$y(x) = c_1 y_1 + c_2 \left[\frac{1}{4} y_1 \cdot ln\, x + y_1 \cdot \left(-\frac{1}{2x^2} + \frac{2}{3x} - \frac{19}{270} x \right) \right] \qquad \cdots (3)$$

□

예제 변수 계수 이계 선형미분방정식

$$x y'' + y' - 4y = 0$$

의 해를 구하여 보자.

풀이

$x = 0$는 정칙 특이점이므로 Frobenius 해법에 따라 $y = \sum c_n x^{n+r}$을 대입하여 정리하면(계산 생략)

$$xy'' + y' - 4y = x^r \left[r^2 c_0 \frac{1}{x} + \sum_{k=0}^{\infty} \left[(k+r+1)^2 c_{k+1} - 4c_k \right] x^k \right] = 0 \quad \cdots (1)$$

이므로 지표방정식 $r^2 = 0$. $r_1 = r_2 = 0$인 경우이다. $r_1 = 0$에 대한 계수점화식

$$c_{k+1} = \frac{4c_k}{(k+1)^2}, \quad k = 0,\ 1,\ 2,\ \cdots \qquad \cdots (2)$$

그러므로 첫 번째 해는

$$y_1 = c_0 \sum_{n=0}^{\infty} \frac{4^n}{(n!)^2} x^n \qquad \cdots (3)$$

주어진 해로부터 두 번째 해를 구하는 공식을 이용하면

$$y_1 = y_1 \int \frac{e^{-\int \frac{1}{x}}}{{y_1}^2} dx$$

$$= y_1 \int \frac{1}{x\left(1+4x+4x^2+\frac{16}{9}x^3+\cdots\right)^2}\,dx$$

$$= y_1 \int \frac{1}{x\left(1+8x+24x^2+\frac{16}{9}x^3+\cdots\right)}\,dx$$

$$= y_1 \int \frac{1}{x}\left[1-8x+40x^2-\frac{1472}{9}x^3+\cdots\right]dx$$

$$= y_1 \int \left[\frac{1}{x}-8+40x-\frac{1472}{9}x^2+\cdots\right]dx$$

이므로 두 번째 해는

$$y_2(x) = y_1\left[\ln x - 8x + 20x^2 - \frac{1472}{27}x^3+\cdots\right] \qquad \cdots (4)$$

그러므로 구간 $(0, \infty)$ 상의 일반해

$$y(x) = c_1\, y_1(x) + c_2\left[\, y_1(x)\cdot \ln x + y_1(x)\cdot\left(-8x+20x^2-\frac{1472}{27}x^3+\cdots\right)\right]$$

단, y_1은 (3)으로 주어진 해이다. □

예제 변수계수 이계 선형미분방정식

$$2xy'' + (1+x)y' + y = 0 \qquad \cdots (1)$$

의 일반해를 구하여 보자.

풀이

$x=0$는 방정식의 정칙특이점이므로 Frobenius 해법에 따라 $y=\sum c_n x^{n+r}$을 대입하여 정리하면

$$2xy'' + (1+x)y' + y$$

$$= 2\sum_{n=0}^{\infty}(n+r)(n+r-1)c_n x^{n+r-1} + \sum_{n=0}^{\infty}(n+r)c_n x^{n+r-1}$$

$$+ \sum_{n=0}^{\infty}(n+r)c_n x^{n+r} + \sum_{n=0}^{\infty}c_n x^{n+r}$$

$$= x^r\left[r(2r-1)c_0\frac{1}{x}+\sum_{n=1}^{\infty}(n+r)(2n+2r-1)c_n x^{n-1}\right.$$

$$\left.+\sum_{n=0}^{\infty}(n+r+1)c_n x^n\right]$$

두 번째 항과 세 번째 항은 모두 상수항부터 시작하므로 두 번째는 $k=n-1$ 세 번째는 $k=n$으로 바꾸어 쓰면,

$$= x^r\left[r(2r-1)c_0\frac{1}{x}+\sum_{k=0}^{\infty}[\,(k+r+1)(2k+2r+1)c_{k+1}\right.$$

$$\left.+(k+r+1)c_k]\,x^k\right]$$

$$=0$$

$r(2r-1)\,c_0=0$이어야 하므로 지표방정식

$$r(2r-1)=0 \qquad \cdots (2)$$

과 계수점화식

$$(k+r+1)(2k+2r+1)c_{k+1}+(k+r+1)c_k=0,\ k=0,\ 1,\ 2,\ \cdots \qquad \cdots (3)$$

(2)로부터 $r_1=\frac{1}{2}$, $r_2=0$, 즉 $r_1-r_2\notin Z$인 경우이다(6.5절 참조).

이제 $r_1=\frac{1}{2}$에 대한 계수점화식

$$c_k=-\frac{1}{(2k+1)}c_k$$

으로부터

$$c_n=\frac{(-1)^n}{2^n\,n!}c_0\ ,\ n=1,\ 2,\ 3,\ \cdots$$

따라서 첫 번째 해는

$$y_1=c_0\sqrt{x}\left(1+\sum_{n=1}^{\infty}\frac{(-1)^n}{2^n\,n!}x^n\right)=c_0\sum_{n=0}^{\infty}\frac{(-1)^n}{2^n\,n!}x^{n+\frac{1}{2}} \qquad \cdots (4)$$

단, 정의역은 $\sqrt{x}$로 인해 $x\geq 0$으로 제한된다.

이제 $r_2 = 0$에 대한 계수점화식

$$c_{k+1} = -\frac{1}{2k+1}c_k$$

로부터

$$c_n = \frac{(-1)^n}{1 \cdot 3 \cdot 5 \cdot 7 \cdots (2n-1)}c_0 \ , \ n = 1, 2, 3, \cdots$$

따라서 두 번째 해는

$$y_2 = c_0\left[1 + \sum_{n=1}^{\infty} \frac{(-1)^n}{1 \cdot 3 \cdot 5 \cdot 7 \cdots (2n-1)} x^n\right] \qquad \cdots (5)$$

멱급수해를 얻는데, 수렴반경은 ∞임을 알 수 있다.(계산 연습으로 넘긴다) 그러므로 (4), (5)로부터 일반해를 얻는다.

$$y = c_1 y_1(x) + c_2 y_2(x), \ x \geq 0$$

□

6.4 Legendre 미분방정식

응용수학, 수리물리학, 공학 등 고등 학문에서 매우 중요하며 특징적인 두 가지 미분방정식을 다루기로 한다. 르장드르 **Legendre** 미분방정식과 베셀 **Bessel** 미분방정식이 그것이다.

르장드르 미분방정식은 다음 꼴이다.

$$(1-x^2)y'' - 2xy' + k(k+1)y = 0 \qquad \cdots (1)$$

2계 선형 미분방정식으로 변수 계수를 가진다. $x=0$은 특이점이 아니므로 멱급수해

$$y = \sum c_n x^n$$

을 Guess 할 수 있다. 실제로 미분(항별)하여 대입하여 정리하면(계산 생략)

$$\sum_{n=2}^{\infty} [(n+2)(n+1)c_{n+2} + \{k(k+1) - n(n-1) - 2n\} c_n] \ x^n = 0$$

따라서 순환식 **a recursion**

$$c_{n+2} = \frac{n(n-1)+2n-k(k+1)}{(n+2)(n+1)} c_n, \ n \geq 0$$

을 얻는다. 계수들의 관계식은

$$c_2 = -\frac{k(k+1)}{2 \cdot 1} c_0,$$

$$c_4 = -\frac{(k-2)(k+3)}{4 \cdot 3} c_2 = (-1)^2 \frac{(k-2)k(k+1)(k+3)}{4!} c_0$$

$$\vdots$$

$$c_{2n} = (-1)^n \frac{(k-2n+2)\cdots(k-2)k(k+1)(k+3)\cdots(k+2n-1)}{(2n)!} c_0$$

한편

$$c_3 = -\frac{(k-1)(k+2)}{3\cdot 2}c_1$$

$$c_5 = -\frac{(k-2)(k+3)}{5\cdot 4}c_3 = (-1)^2\frac{(k-3)(k-1)(k+2)(k+4)}{5!}c_1$$

$$\vdots$$

$$c_{2n+1} = (-1)^n\frac{(k-2n+1)\cdots(k-3)(k-1)(k+2)(k+4)\cdots(k+2n)}{(2n+1)!}c_1$$

따라서 Legendre 미분방정식 (1)의 일반해는

$$1-\frac{k(k+1)}{2!}x^2+\frac{(k-2)k(k+1)(k+3)}{4!}x^4 - \frac{(k-4)(k-2)k(k+1)(k+3)(k+5)}{6!}x^6+\cdots$$

과

$$x-\frac{(k-1)(k+2)}{3!}x^3+\frac{(k-3)(k-1)(k+2)(k+4)}{5!}x^5 - \frac{(k-5)(k-3)(k-1)(k+2)(k+4)(k+6)}{7!}x^7+\cdots$$

의 일차결합으로 정리하면

$$y=c_0\left(1+\sum_{n=1}^{\infty}(-1)^n\frac{(k-2n+2)\cdots(k-2)k(k+1)(k+3)\cdots(k+2n-1)}{(2n)!}x^{2n}\right)$$
$$+c_1\left(x+\sum_{n=1}^{\infty}\frac{(k-2n+1)\cdots(k-3)(k-1)(k+2)(k+4)\cdots(k+2n)}{(2n+1)!}x^{2n+1}\right) \quad \cdots (2)$$

실제 응용에서는 $k=0$, 또는 k가 양의 정수인 경우가 대부분이므로 음의 정수가 아닌 정수 k에 대한 Legendre 미분방정식 (1)을 살펴보기로 하자.

CASE 1 k가 짝수일 경우

(2)의 첫 번째 멱급수는 유한개의 항으로 끝나 다항식이 된다. 반면 두 번째 멱급수는 무한급수이다.

CASE 2 k가 홀수일 경우

(2)의 두 번째 멱급수는 유한개의 항으로 끝나 다항식이 된다. 반면 첫 번

째 멱급수는 무한급수이다.

각 k에 대한 이러한 다항식 $u_k(x)$는 다음과 같다.

$$u_0(x) = c_0,$$

$$u_2(x) = c_0\left(1 - \frac{2 \cdot 3}{2!}x^2\right),$$

$$u_4(x) = c_0\left(1 - \frac{4 \cdot 5}{2!}x^2 + \frac{2 \cdot 4 \cdot 5 \cdot 7}{4!}x^4\right)$$

그리고

$$u_1(x) = c_1 x$$

$$u_3(x) = c_1\left(x - \frac{2 \cdot 5}{3!}x^3\right)$$

$$u_5(x) = c_1\left(x - \frac{4 \cdot 7}{3!}x^3 + \frac{2 \cdot 4 \cdot 7 \cdot 9}{5!}x^5\right)$$

여기서 상수 c_0, c_1의 값을 각각 다음과 같이 선택하여 얻은 다항식을 Legendre 다항식이라 한다.

$$P_0(x) = 1 \qquad c_0 = 1$$

$$P_1(x) = x \qquad c_1 = 1$$

$$P_2(x) = \frac{(3x^2 - 1)}{2} \qquad c_0 = -\frac{1}{2}$$

$$P_3(x) = \frac{(5x^3 - 3x)}{2} \qquad c_1 = -\frac{3}{2}$$

$$P_4(x) = \frac{(35x^4 - 30x^2 + 3)}{8} \qquad c_0 = \frac{3}{8}$$

$$P_5(x) = \frac{(63x^5 - 70x^3 + 15x)}{8} \qquad c_1 = \frac{15}{8}$$

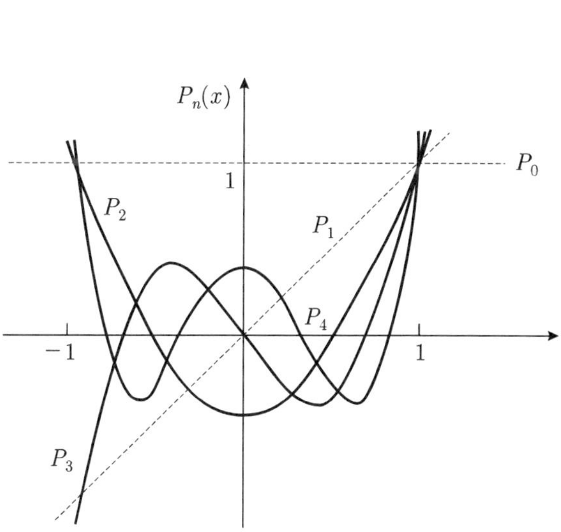

실제로 $P_k(x)$들은 각각 다음 Legendre 미분방정식의 해인 것을 주의한다.

$$k=0, \qquad (1-x^2)y'' - 2xy' = 0$$
$$k=1, \qquad (1-x^2)y'' - 2xy' + 2y = 0$$
$$k=2, \qquad (1-x^2)y'' - 2xy' + 6y = 0$$
$$\vdots$$

여기서는 Legendre 다항식들은 다음 성질을 가짐을 알 수 있다. 특히, 우리는 그 모임의 직교성 **orthogonality** (5)에 대한 관심을 가진다.

Legendre 다항식의 성질

(1) $P_k(-x) = (-1)^k P_k(x)$

(2) $P_k(1) = 1, \; P_k(-1) = (-1)^k$

(3) $P_{2k-1}(0) = 0, \; P_{2k}'(0) = 0$

(4) $(k+1)P_{k+1} - (2k+1)xP_k + xP_{k-1} = 0$

(5) $\displaystyle\int_{-1}^{1} P_i(x)P_j(x)\,dx = \begin{cases} 0 & , i \neq j \\ \dfrac{2}{2j+1} & , i = j \end{cases}$

(6) $j < k$인 j차 다항식 $Q_j(x)$에 대하여

$$\int_{-1}^{1} Q_j(x) P_k(x)\, dx = 0$$

주어진 함수 f를 Legendre 다항식 모임의 직교성을 이용한 직교전개 **orthogonal expansion** 가 가능하다. 이는 **푸리에 급수전개 Fourier series expansion** 를 일반화한 것이다.(참고문헌 참조)

6.5 Bessel 미분방정식

베셀 **Bessel** 미분방정식은 르장드르 **Legendre** 미분방정식만큼이나 활용도가 높은 미분방정식이다. 실제로 역학, 전기공학, 열역학, 유체역학 등 광범위한 분야에서 응용되는 중요한 미분방정식이다.

감마 함수

먼저, 감마 **Gamma** 함수에 대해서 알아보자. 감마함수는

$$\Gamma(p) = \int_0^\infty e^{-x} x^{p-1}\, dx \qquad \cdots (1)$$

로 정의한다. 이상적분 **improper integral** 으로 정의된 $\Gamma(p)$는 $p>0$에 대하여 수렴한다. 자세한 해석은 참고문헌을 찾아보도록 한다.

$$\Gamma(p) = \int_0^\infty e^{-x} x^{p-1}\, dx = -e^{-x}x^{p-1}\Big|_0^\infty + (p-1)\int_0^\infty e^{-x}x^{p-2}\,dx$$

$p-1>0$일 때 $-e^{-x}x^{p-1}\big|_0^\infty = 0$이므로

$$\Gamma(p) = (p-1)\,\Gamma(p-1),\ \ p>1 \qquad \cdots (2)$$

한편 $\Gamma(1) = \int_0^\infty e^{-x}\, dx = 1$이므로 $p \in N$일 때

$$\begin{aligned}\Gamma(p) &= (p-1)\,\Gamma(p-1)\\ &= (p-1)\,[(p-2)\,\Gamma(p-2)]\\ &= \cdots = (p-1)(p-2)\cdots 1\,\Gamma(1) = (p-1)!\end{aligned} \qquad \cdots (3)$$

이제 $p<0$일 때 (1)은 정의되지 않으므로 다음과 같이 확장한다. (2)식을

$$\Gamma(p) = \frac{1}{p}\Gamma(p+1) \qquad \cdots (4)$$

와 같이 쓰면 우변의 감마함수는 $p+1>0$일 때 정의되므로 (좌변)의 함수는 $p>-1$인 경우에도 (4)의 (우변)으로 주어진 것이다. 이를테면

$$\Gamma\left(-\frac{1}{2}\right)=\frac{1}{\left(-\frac{1}{2}\right)}\Gamma\left(1-\frac{1}{2}\right)=-2\Gamma\left(\frac{1}{2}\right)$$

로 정의되는 것이다. 참고로 $\Gamma\left(\frac{1}{2}\right)=\sqrt{\pi}$ 이다.(간단한 치환적분이므로 연습으로 남긴다.)

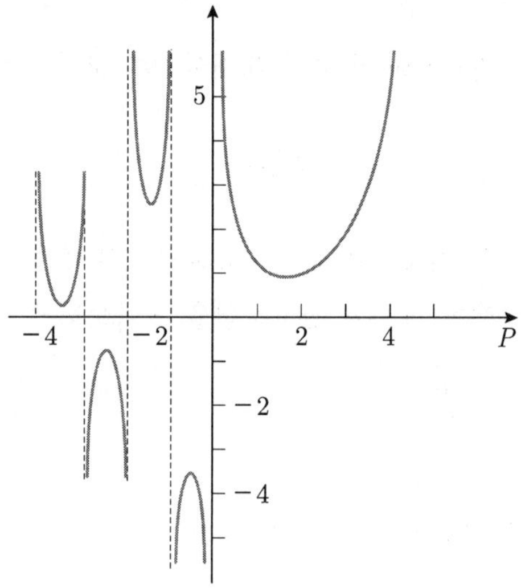

베셀 Bessel 미분방정식

2계 변수계수 선형 미분방정식

$$x^2y''+xy'+(x^2-p^2)y=0 \qquad \cdots (5)$$

을 Bessel 미분방정식이라 하고, 그 해를 Bessel 함수라 한다. $x=0$는 (5)의 정칙특이점이므로 Frobenius 해법에 따라 그 해로 $y=\sum c_n x^{n+r}$을 기대할 수 있다. 따라서 미분하여

$$y' = \sum_{n=0}^{\infty} (n+r) c_n x^{n+r-1}$$

$$y'' = \sum_{n=0}^{\infty} (n+r)(n+r-1) c_n x^{n+r-2}$$

(5)에 대입하여 정리하면

$$\begin{aligned} & c_0 (r^2 - p^2) x^r + x^r \left[\sum_{n=1}^{\infty} \{(n+r)^2 - p^2\} c_n x^n + \sum_{n=0}^{\infty} c_n x^{n+2} \right] \\ & = c_0 (r^2 - p^2) x^r + \{(1+r)^2 - p^2\} c_1 x^{r+1} \\ & \qquad + x^r \sum_{n=2}^{\infty} \left[\{(n+r)^2 - p^2\} c_n + c_{n-2} \right] x^n \\ & = 0 \end{aligned} \qquad \cdots (6)$$

식 (6)에서 지표방정식 **indical equation**은 $r^2 - p^2 = 0$이므로 그 근 $r_1 = p$ 또는 $r_2 = -p$(여기서 $p \geq 0$이라 하자)이고 계수 관계식

$$c_1 = 0$$

$$c_n = -\frac{1}{(n+r)^2 - p^2} c_{n-2}, \quad n \geq 2$$

$r_1 = p$에 대한 계수 관계식은

$$c_1 = 0$$

$$c_n = -\frac{1}{n(n+2p)} c_{n-2}, \quad n \geq 2$$

가 되어

$$c_1 = c_3 = \cdots = c_{2n-1} = 0$$

$$c_{2n} = (-1)^n \frac{1}{2^n n!(1+p)(2+p)\cdots(n+p)} c_0 \ , \quad n \geq 1$$

가 된다. 따라서 $r_1 = p$에 대응하는 해는

$$y_1 = c_0 x^p \left[1 + \sum_{n=1}^{\infty} \frac{(-1)^n}{2^{2n} n!(1+p)(2+p)\cdots(n+p)} x^{2n} \right] \qquad \cdots (7)$$

마찬가지로 $r_2 = -p$에 대응하는 해는

$$y_2 = c_0\, x^{-p}\left[1 + \sum_{n=1}^{\infty} \frac{(-1)^n}{2^{2n} n!(1-p)(2-p)\cdots(n-p)} x^{2n}\right] \qquad \cdots (8)$$

특히 $c_0 = \dfrac{1}{2^p \Gamma(1+p)}$로 선택하면 $\Gamma(1+p+n) = (1+p)(2+p)\cdots(n+p)$를 이용하여

$$y_1 = \sum_{n=0}^{\infty} \frac{(-1)^n}{n!\,\Gamma(1+p+n)} \left(\frac{x}{2}\right)^{2n+p} \qquad \cdots (9)$$

로 간단히 나타낼 수 있는데, 이것을 제1종 Bessel 함수 $J_p(x)$라 한다. 한편 y_2에 대해서도 $c_0 = \dfrac{1}{\Gamma(1-p)}$로 선택하여

$$y_2 = \sum_{n=0}^{\infty} \frac{(-1)^n}{n!\,\Gamma(1-p+n)} \left(\frac{x}{2}\right)^{2n-p} \qquad \cdots (10)$$

가 되는데 기호로 $J_{-p}(x)$라 나타낸다. 특히 $p > 0$일 때는 $J_{-p}(x)$에는 x의 음의 멱 power이 포함되어 그 수렴반경은 $(0, \infty)$로 제한한다.

6.3절에서 배운 바와 같이 해의 구성은 다음과 같은 경우로 나누어진다.

CASE 1 $r_1 - r_2 = 2p\ (\notin Z)$인 경우

$J_p(x),\ J_{-p}(x)$는 일차독립이 되어 (1)의 일반해는

$$y(x) = c_1 J_p(x) + c_2 J_{-p}(x)$$

$r_1 - r_2 = 2p\ (\in Z)$인 경우는 다시 다음 두 가지 경우로 나뉜다.

CASE 2 $p = \dfrac{(\text{홀수 정수})}{2}$의 꼴로 $r_1 - r_2 = 2p\ (\in Z)$ (이를테면, $p = \dfrac{1}{2}$)

$J_p(x),\ J_{-p}(x)$는 일차독립이 되어 (1)의 일반해는

$$y(x) = c_1 J_p(x) + c_2 J_{-p}(x)$$

CASE 3 $p \in Z$인 경우

$J_{-p}(x) = (-1)^p J_p$(단원 끝 예제 참조)가 되어 두 해는 일차종속이 되므로 **두 번째 해를 구하는 방법**으로부터 일차독립인 해를 얻게 된다.

예제 $x^2 y'' + x y' + \left(x^2 - \frac{1}{4}\right)y = 0$의 일반해를 나타내 보자.

풀이

결정방정식 $r^2 - \frac{1}{4} = 0$으로부터 $r = \frac{1}{2}$, $r = -\frac{1}{2}$로 정수가 아니므로 일반해는

$$y = c_1 J_{\frac{1}{2}}(x) + c_2 J_{-\frac{1}{2}}(x)$$

□

여기서 $J_{\frac{1}{2}}(x)$ $J_{-\frac{1}{2}}(x)$는 각각 식 (9), (10)의 형태로 주어지는 것이다.

참고로 $J_0(x)$, $J_1(x)$의 그래프는 그림과 같이 감쇠된 damped 싸인, 코싸인 그래프가 된다.

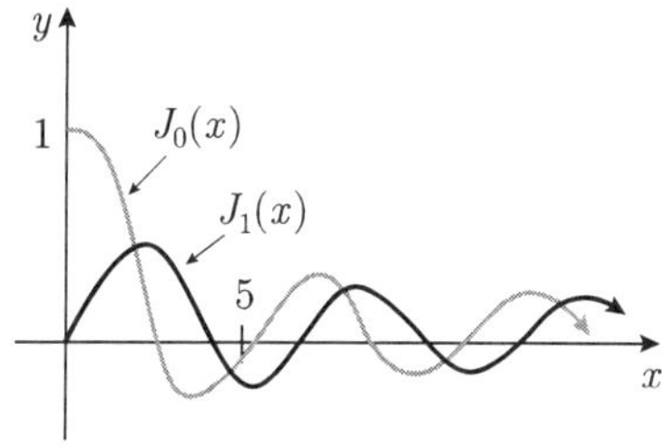

이제 $p \in Z$ 정수인 경우에는 y_1, y_2는 일차종속이 된다.(실제로 $J_{-p} = (-1)^p J_p$) 따라서 앞에서 배운 주어진 해 y_1로부터 두 번째 해 공식

$$y_2 = y_1 \int \frac{e^{-\int p}}{{y_1}^2}$$

을 이용한다. 미분방정식 (5)는 $y'' + \frac{1}{x}y' + \left(\frac{x^2 - p^2}{x^2}\right)y = 0$이므로

$$y_2 = J_p \int \frac{e^{-\int \frac{1}{x}}}{J_p{}^2} = J_p \int \frac{1}{x J_p{}^2} \quad \cdots (11)$$

를 앞 6.3절 예시에서 배운 계산 방식으로 얻는 두 번째 해 y_2를 기호로 $Y_p(x)$로 쓰고, 제2종 Bessel 함수라 한다.

참고로 공식 (11)을 이용하여 계산하면

$$Y_0(x) = \frac{2}{\pi} J_0(x)\left[\gamma + ln\ \frac{x}{2}\right] - \frac{2}{\pi} \sum_{k=1}^{\infty} \frac{(-1)^k}{(k!)^2}\left(1 + \frac{1}{2} + \cdots + \frac{1}{k}\right)\left(\frac{x}{2}\right)^{2k}$$

가 된다. 여기서 $\gamma = 0.57721566...$으로 오일러 상수 **Euler-Mascheroni constant** 를 나타낸다. Y_0는 ln 항의 출현으로 $x = 0$에서 불연속임을 알 수 있다.

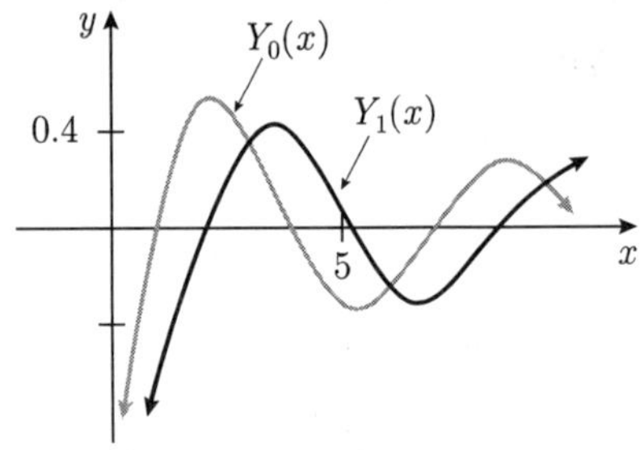

예제 $x^2 y'' + xy' + (x^2 - 9)y = 0$의 일반해를 구하여 보자.

풀이

지표방정식 $r^2 - 9 = 0$로부터 $r = 3$ 정수인 경우이므로 일반해는 간단히

$$y = c_1 J_3(x) + c_2 Y_3(x)$$

로 나타낼 수 있다. □

참고로 $p = \frac{2n+1}{2}$ 꼴 일 때 $J_p(x)$는 $sin\ x, cos\ x,\ x^n$들을 포함하는 식

이 된다. 이것을 **구면적 베셀함수** Spherical Bessel 라 부른다.

예제 $J_{\frac{1}{2}}(x)$는 다음과 같이 나타낼 수 있음을 보이자.

$$J_{\frac{1}{2}}(x) = \sqrt{\frac{2}{\pi x}}\ \sin x.$$

풀이

$$\Gamma\left(1+\frac{1}{2}\right) = \frac{1}{2}\Gamma\left(\frac{1}{2}\right) = \frac{1}{2}\sqrt{\pi}$$

$$\Gamma\left(1+\frac{3}{2}\right) = \frac{3}{2}\Gamma\left(\frac{3}{2}\right) = \frac{3}{2^2}\sqrt{\pi}$$

$$\Gamma\left(1+\frac{5}{2}\right) = \frac{5}{2}\Gamma\left(\frac{5}{2}\right) = \frac{5\cdot 3}{2^3}\sqrt{\pi} = \frac{5!}{2^5\cdot 2!}\sqrt{\pi}$$

$$\Gamma\left(1+\frac{7}{2}\right) = \frac{7}{2}\Gamma\left(\frac{7}{2}\right) = \frac{7\cdot 5!}{2^6\, 2!}\sqrt{\pi} = \frac{7!}{2^7\cdot 3!}\sqrt{\pi}$$

$$\vdots$$

$$\Gamma\left(1+\frac{1}{2}+n\right) = \frac{(2n+1)!}{2^{2n+1}\cdot n!}\sqrt{\pi}$$

따라서

$$J_{\frac{1}{2}}(x) = \sum_{n=0}^{\infty}\frac{(-1)^n}{n!\,\dfrac{(2n+1)!\sqrt{\pi}}{2^{2n+1}\,n!}}\left(\frac{x}{2}\right)^{2n+\frac{1}{2}}$$

$$= \sqrt{\frac{2}{\pi x}}\sum_{n=0}^{\infty}\frac{(-1)^n}{(2n+1)!}\,x^{2n+1} = \sqrt{\frac{2}{\pi x}}\ \sin x \qquad \square$$

예제 $J_{-p}(x) = \sum_{n=0}^{\infty}\frac{(-1)^n}{n!\,\Gamma(1-p+n)}\left(\frac{x}{2}\right)^{2n-p}$이다. N이 음의 정수일 때 $\frac{1}{\Gamma(N)}$ $=0$을 이용하여, m이 양의 정수일 때

$$J_{-m}(x) = (-1)^m J_m(x)$$

임을 보이시오.

풀이

$n \leq m-1$일 때 $\dfrac{1}{\Gamma(1-m+n)} = 0$이므로

$$J_{-m}(x) = \sum_{n=0}^{\infty} \frac{(-1)^n}{n!\,\Gamma(1-m+n)} \left(\frac{x}{2}\right)^{2n-m}$$
$$= \sum_{n=m}^{\infty} \frac{(-1)^n}{n!\,\Gamma(1-m+n)} \left(\frac{x}{2}\right)^{2n-m}$$
$$= \sum_{k=0}^{\infty} \frac{(-1)^{k+m}}{(k+m)!\,\Gamma(1+k)} \left(\frac{x}{2}\right)^{2k+m}$$
$$= (-1)^m \sum_{k=0}^{\infty} \frac{(-1)^k}{\Gamma(1+k+m)k!} \left(\frac{x}{2}\right)^{2k+m} = (-1)^m J_m(x) \qquad \square$$

연습문제

코시-오일러

1. $x^2 y'' - 2x y' - 4y = 0$

답 $y = c_1 \frac{1}{x} + c_2 x^4$

2. $4x^2 y'' + 8x y' + y = 0$

답 $y = c_1 \frac{1}{\sqrt{x}} + c_2 \frac{ln\ x}{\sqrt{x}}$

3. $x^2 y'' + 3x y' + 3y = 0,\ y(1) = 1, y'(1) = -5$

답 $y = \frac{1}{x}[cos(\sqrt{2}\ ln\ x) - 2\sqrt{2}\ sin(\sqrt{2}\ ln\ x)]$

4. $x^2 y'' - 3x y' + 3y = 2x^4 e^x$

답 $y = c_1 x + c_2 x^3 + 2x^2 e^x - 2x e^x$

5. (다른 풀이) $x^2 y'' - x y' + y = ln\ x$는 치환 $x = e^t$를 이용하면

$$\frac{d^2 y}{dt^2} - 2\frac{dy}{dt} + y = t$$

로 고쳐 쓸 수 있음을 보여라.

6. $\frac{d^2 y}{dt^2} - 2\frac{dy}{dt} + y = t$

답 $y = c_1 e^t + c_2 t e^t + 2 + t$

멱급수해법

7. 멱급수 항별미분에 따라 $\left(\sum_{n=0}^{\infty} c_n x^n\right)' = \sum_{n=1}^{\infty} n\, c_n\, x^{n-1}$이다. 이것을 이용하여

$$\left(\sum_{n=0}^{\infty} c_n x^{n+r}\right)' = \sum_{n=0}^{\infty} (n+r)\, c_n\, x^{n+r-1}$$

임을 보이시오.

8. $4y'' + y = 0$

답 $y = c_0 \sum_{k=0}^{\infty} \frac{(-1)^k}{(2k)!}\left(\frac{x}{2}\right)^{2k} + c_1 \sum_{k=0}^{\infty} \frac{2(-1)^k}{(2k+1)^k}\left(\frac{x}{2}\right)^{2k+1}$

9. $y'' - 2xy = 0$

답 $y = c_0 y_1(x) + c_1 y_2(x)$

$$y_1 = 1 + \sum_{k=1}^{\infty} \frac{2^k[1 \cdot 4 \cdot 7 \cdots (3k-2)]}{(3k)!} x^{3k}$$

$$y_2 = x + \sum_{k=1}^{\infty} \frac{2^k[2 \cdot 5 \cdot 8 \cdots (3k-1)]}{(3k+1)!} x^{3k+1}$$

10. $(x^2+1)y'' + xy' - y = 0$

답 $y = c_0 y_1(x) + c_1 y_2(x)$

$$y_1 = 1 + \frac{1}{2}x^2 + \sum_{n=2}^{\infty} (-1)^{n-1} \frac{1 \cdot 3 \cdot 5 \cdots (2n-3)}{2^n \cdot n!} x^{2n}, \quad |x| < 1$$

$$y_2 = x$$

11. $y'' - (1+x)y = 0$

답 $y = c_0 y_1(x) + c_1 y_2(x)$

$$y_1(x) = 1 + \frac{1}{2}x^2 + \frac{1}{6}x^3 + \frac{1}{24}x^4 + \frac{1}{30}x^5 + \cdots$$

$$y_2(x) = x + \frac{1}{6}x^3 + \frac{1}{12}x^4 + \frac{1}{120}x^5 + \cdots$$

12. $y'' + (\cos x)y = 0$

힌트 $\cos x = 1 - \frac{1}{2!}x^2 + \frac{1}{4!}x^4 - \frac{1}{6!}x^6 + \cdots$

답 $y_1(x) = 1 - \frac{1}{2}x^2 + \frac{1}{12}x^4 - \cdots$

$$y_2(x) = x - \frac{1}{6}x^3 + \frac{1}{30}x^5 - \cdots$$

정칙 특이점에서의 급수해

13. $3xy'' + y' - y = 0$

답 $y_1 = x^{\frac{2}{3}}\left[1 + \sum_{n=1}^{\infty} \frac{1}{n!5 \cdot 8 \cdot 11 \cdots (3n+2)} x^n\right]$

$$y_2 = x^0\left[1 + \sum_{n=1}^{\infty} \frac{1}{n!1 \cdot 4 \cdot 7 \cdots (3n-2)} x^n\right]$$

14. $xy'' + 3y' - y = 0$

답 $y_1 = x^0\left[1 + \sum_{n=1}^{\infty} \frac{2}{n!(n+2)!} x^n\right]$

$$y_1 = \frac{1}{x^2}\left[\sum_{n=2}^{\infty} \frac{2}{n!(n-2)!} x^n\right]$$

15. $2xy'' + (1+x)y' + y = 0$

답 $y_1 = \sqrt{x}\left[1 + \sum_{n=1}^{\infty} \frac{(-1)^n}{2^n \cdot n!} x^n\right]$

$$y_2 = x^0\left[1 + \sum_{n=1}^{\infty} \frac{(-1)^n}{1 \cdot 3 \cdot 5 \cdots (2n-1)} x^n\right]$$

16. $xy'' + (x-6)y' - 3y = 0$

답 $y_1(x) = 1 - \frac{1}{2}x + \frac{1}{10}x^2 - \frac{1}{120}x^3$

$$y_2(x) = x^7 + \sum_{k=1}^{\infty} \frac{(-1)^k 4 \cdot 5 \cdot 6 \cdots (k+3)}{k! 8 \cdot 9 \cdot 10 \cdots (k+7)} x^{k+7}$$

17. $xy'' + 3y' - y = 0$

답 $y_1(x) = 1 + \frac{1}{3}x + \frac{1}{24}x^2 + \frac{1}{360}x^3 + \cdots$

$$y_2(x) = \frac{1}{4}y_1(x)\ln x + y_1(x)\left[1 - \frac{1}{2x^2} + \frac{2}{3x} - \frac{19}{270}x + \cdots\right]$$

Bessel 함수

18. $J_p(x) = \sum_{n=0}^{\infty} \frac{(-1)^n}{n!\Gamma(1+p+n)} \left(\frac{x}{2}\right)^{2n+p}$ 이다. $m \ge 0$ 정수일 때,

$J_{-m}(-x) = (-1)^m J_m(x)$ 임을 보이시오.

다음 Bessel 함수들을 싸인, 코싸인, 단항식을 이용한 식으로 고치시오

19. $J_{-\frac{3}{2}}(x)$

답 $\sqrt{\frac{2}{\pi x}}\left[-\sin x - \frac{\cos x}{x}\right]$

20. $J_{-\frac{5}{2}}(x)$

답 $\sqrt{\frac{2}{\pi x}}\left[\frac{3}{x}\sin x + \left(\frac{3}{x^3} - 1\right)\cos x\right]$

21. $y = J_0(x)$ 는 $p = 0$ 일 때 Bessel 미분방정식의 하나의 해가 된다. 이로부터 두 번째 해

$$y_2 = J_0(x)\ln x + \frac{x^2}{4} - \frac{3}{128}x^4 + \frac{11}{13,824}x^6 - \cdots$$

를 구하시오.

Legendre 다항식

22. Legendre 다항식 $P_0(x)$, $P_1(x)$, $P_2(x)$, 그리고 $P_3(x)$에 대하여 다음을 계산하시오.

$n \neq m$일 때 $\int_{-1}^{1} P_n(x) P_m(x)\, dx$

$$\int_{-1}^{1} P_n^{\,2}(x)\, dx$$

답 $\dfrac{2}{2n+1}$, $n = 0, 1, 2, \cdots$

Laplace 변환 응용

예제 초기값 조건 $y(0) = 1$으로 주어진 **베셀방정식** $xy'' + y' + xy = 0$을 풀어보자.

풀이

라플라스 변환을 하면

$$-\frac{d}{ds}\left[s^2 Y - s\right] + \{sY - 1\} - \frac{dY}{ds} = 0$$

정리하면

$$\frac{Y'}{Y} = -\frac{s}{s^2+1}$$

로부터 $ln\ Y = -\frac{1}{2} ln\left(s^2+1\right) + C$이므로 정리하면

$$Y = D\frac{1}{\sqrt{s^2+1}}$$

역변환을 쉽게 하기 위하여 다음과 같이 쓰면

$$Y = \frac{D}{s}\left(1 + \frac{1}{s^2}\right)^{-\frac{1}{2}}$$

테일러 전개식 $(1+t)^a = 1 + at + \frac{a(a-1)}{2!}t^2 + \frac{a(a-1)(a-2)}{3!}t^3 + \cdots$ 로부터

$$= \frac{1}{s}\left(1 - \frac{1}{2}\frac{1}{s^2} + \frac{1}{2!}\frac{1}{2}\frac{3}{2}\frac{1}{s^4} - \frac{1}{3!}\frac{1}{2}\frac{3}{2}\frac{5}{2}\frac{1}{s^6} + \cdots\right)$$

$$= D\sum_{j=0}^{\infty}\frac{(2j)!}{2^{2j}(j!)^2}\frac{(-1)^j}{s^{2j+1}}$$

[라플라스 변환표]로부터

$$y(x) = D\sum_{j=0}^{\infty}\frac{(-1)^j}{2^{2j}(j!)^2}x^{2j}$$

초기값 조건 $y(0)=1$로부터 $D=1$이어야 하므로 구하는 해는

$$y(x) = 1 - \frac{x^2}{2^2} + \frac{1}{2^2 \cdot 4^2}x^4 - \frac{1}{2^2 \cdot 4^2 \cdot 6^2}x^6 + \cdots$$ □

우리가 구한 해는 매우 중요한 함수 베셀함수 $J_0(x)$이며, 따라서 앞의 풀이에서 $L(J_0) = \frac{1}{\sqrt{s^2+1}}$임을 알 수 있다.

미분방정식
微分方程式
DIFFERENTIAL
EQUATION

편미분방정식 7

7.1 편미분방정식 모델링

소통과 확산방정식

우리는 주로 시각, 청각을 이용하여 정보를 받아들인다. 그러나 적지 않은 생물들은 주된 의사소통 도구로 화학물질을 이용한다고 한다. 이를테면, 꿀벌들은 비상시에 어떤 물질을 분비하여 심한 날개 짓으로 여왕벌을 지키는 벌들에게 비상 신호를 보낸다고 한다. 또, 수컷 비단 누에는 암컷이 발산하는 성적 유혹 물질을 돌기에 붙은 수천 개의 털로 감지한다. 생물 간의 이러한 신호 전달 분자가 페로몬 **Pheromones** 이다. 공기 또는 물의 흐름, 가스 분자들의 무작위적 운동으로 인하여 화학 물질이 전달되는 것이다.

그림은 경고 화학물질이 원통형의 터널로 분사되는 것을 나타낸다. 시각 t에 소스로부터 x cm 떨어진 지점의 화학적 농도 $c(x, t)$는 확산방정식 **diffusion equation**

$$k\frac{\partial^2 c}{\partial t^2} = \frac{\partial c}{\partial t} \qquad \cdots (1)$$

을 만족하게 된다. 따라서 열(전도) 방정식 **Heat equation** 과 같은 것이다. 페로몬 물질이 이산적으로 방출되는 경우에 경계값 조건

$$\frac{\partial c}{\partial x}\Big|_{x=0} = -A\,\delta(t) \qquad \cdots (2)$$

으로 주어진다. 여기서 $\delta(t)$는 디랙 **Dirac** 의 델타 **delta** 함수를 나타낸다. 한편

$$c(x,\ 0) = 0,$$
$$\lim_{x\to\infty} c(x,\ t) = 0 \qquad \cdots (3)$$

이다. 따라서 방정식은 (1), (2), (3)으로 주어진 것이다. 이제 Laplace 변환을 하면

$$\frac{d^2}{dx^2}L(c) - \frac{s}{k}L(c) = 0 \qquad \cdots (4)$$

$$\frac{d}{dx}L(c)|_{x=0} = -A$$

가 되므로 초기값 문제 (4)를 풀면

$$L(c) = A\sqrt{k}\,\frac{e^{-\left(\frac{x}{\sqrt{k}}\right)\sqrt{s}}}{\sqrt{s}} \qquad \cdots (5)$$

Laplace 변환표를 이용하면 (1)~(3)에 대한 해는

$$c(x,\ t) = A\sqrt{\frac{k}{\pi t}}\,e^{-\frac{x^2}{(4kt)}} \qquad \cdots (5)$$

그 그래프는 종 모양 **bell-shaped** 가우스 곡선 **Gaussian curve** 의 우측부분이 된다. 참고로 각 시각 t에서의 $\int_0^\infty c(x,\ t)\,dt = Ak$, 즉 Ak는 방출된 페로몬 총량을 나타낸다.

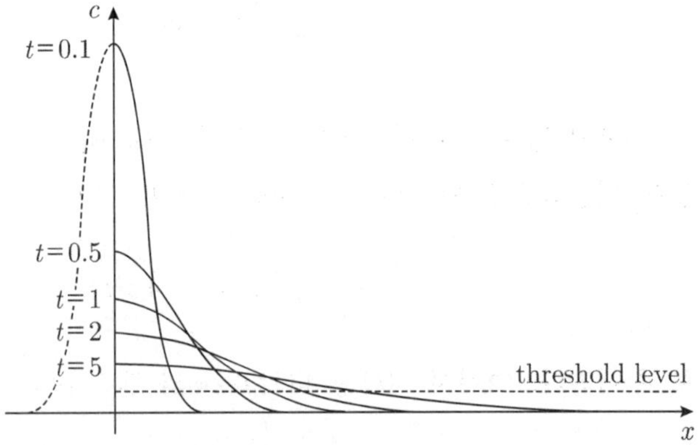

드럼패드의 진동

드럼을 한 번 두드릴 때 드럼패드의 변위 **dispalcement** 함수 $u(x,\ y,\ t)$는 2변수 극형식 파동방정식

$$a^2\left(\frac{\partial^2 u}{\partial r^2}+\frac{1}{r}\frac{\partial u}{\partial r}\right)=\frac{\partial^2 u}{\partial t^2}$$

을 만족한다. 이때 초기 변위 $f(r)=0$, 초기속도

$$g(r)=\begin{cases}-\nu_0, & 0\le r<b\\ 0, & \text{그 외}\end{cases}$$

여기서 상수 b는 한 단위 반지름의 패드를 두드리는 드럼스틱의 크기에 의존하는 상수이다. 따라서 드럼패드의 변위는

$$u(r,\ t)=\frac{-2\nu_0 b}{a}\sum_{n=1}^{\infty}\frac{1}{\lambda_n^{\ 2}}\frac{J_1(\lambda b)}{J_1(\lambda_n)^2}\,sin\ (a\lambda_n t)\bullet J_o(\lambda_n r)$$

로 주어진다. 여기서 J_0, J_1은 베셀**Bessel** 함수이다. 우리는 이 표현을 Mathematica 또는 Theorist 같은 소프트웨어를 이용하여 드럼패드 진동을 시각화하는 애니메이션을 구사할 수 있다.

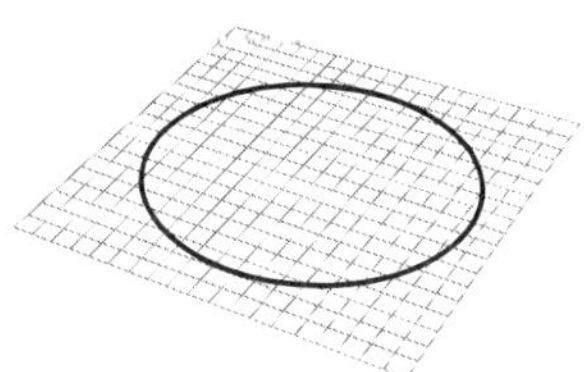

$t=0.0$

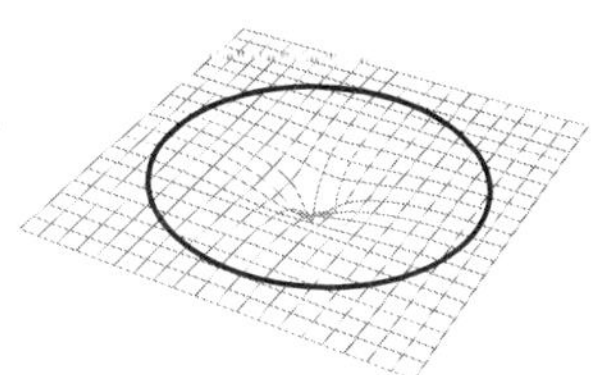

$t=0.1$

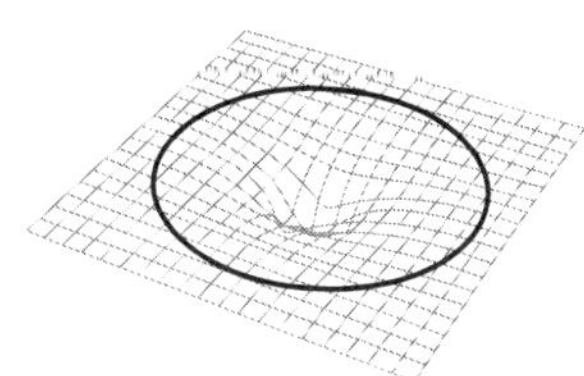

$t=0.2$

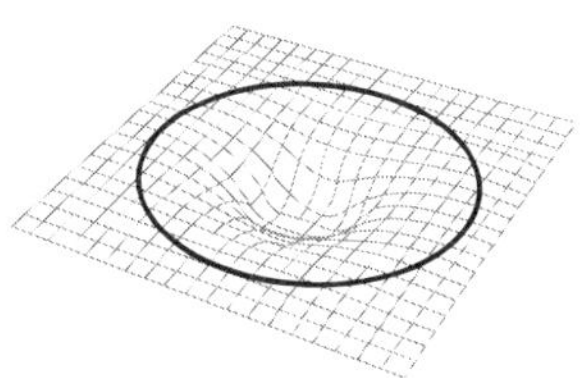

$t=0.3$

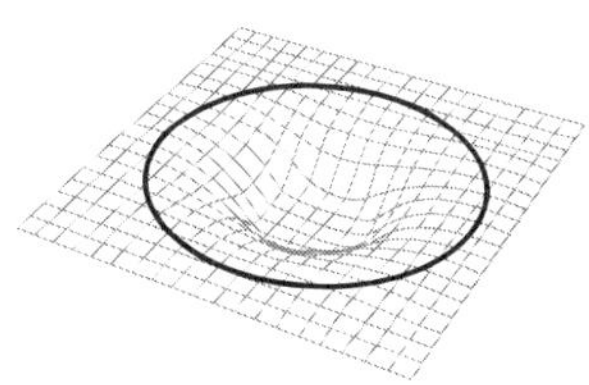

$t=0.4$

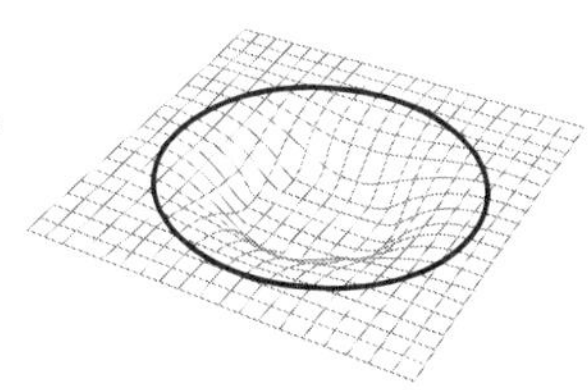

$t=0.5$

7.2 대표적 편미분방정식 3가지

- 파동방정식 *Wave equation* $u_{tt} - u_{xx} = 0$
- 열방정식 *Heat Equation* $u_t - (u_{xx} + u_{yy}) = 0$
- 라플라스방정식 *Laplace Equation* $u_{xx} + u_{yy} = 0$

편도함수를 포함한 등식을 편미분방정식 **Partial Differential Equations(PDE)** 이라 하는데, 응용 분야에서 나타나는 대표적인 편미분방정식은 3가지이다. 여기서 t 는 시간변수, x, y, z 등은 공간변수이다. 여기서는 편미분을 첨자로 간단히 쓴다.

(1) 파동방정식 해 $u(x, t)$는 현의 한 점 x에서의 시각 t에서의 변위(displacement)를 나타내고, 파동방정식의 해는 현의 진동을 나타낸다. 공간변수가 둘인 경우 파동방정식은 다음 형태로 나타난다.

$$u_{tt} - (u_{xx} + u_{yy}) = 0$$

여기서 $u(x, y, t)$는 얇은 막의 한 점 (x, y)에서 시각 t에서의 변위이므로 파동방정식의 해는 얇은 막의 진동의 변화를 예측하게 해준다.

(2) 열방정식 해 $u(x, y, t)$는 시각 t에서의 얇은 막의 한 점에서의 온도를 나타내고, 열방정식의 해는 온도의 분포 변화를 나타낸다. 입체 내의 열의 전도방정식은 공간변수가 셋으로

$$u_t - (u_{xx} + u_{yy} + u_{zz}) = 0$$

의 형태로 나타난다. 이때 방정식의 해 $u(x, y, z, t)$는 시각 t에 어떤 점에서의 온도를 나타내게 되므로, 열방정식의 해는 열전도체의 온도 분포의 변화를 예측할 수 있게 해준다.

(3) 2변수함수 $u(x, y) = 0$에 대한 라플라스방정식은 다음과 같다.

$$u_{xx} + u_{yy} = 0.$$[1]

$\left(\dfrac{\partial^2}{\partial x^2} + \dfrac{\partial^2}{\partial y^2}\right)u = 0$로 쓰면, 간단히 $\Delta u = 0$.

여기서 $\Delta = \left(\dfrac{\partial^2}{\partial x^2} + \dfrac{\partial^2}{\partial y^2}\right)$을 라플라스 미분작용소(Differential Operator)라 하고, Δ을 라플라스라고 읽는다.[2]

예제 (열 방정식과 라플라스 방정식) 일정시간이 지나 온도 $u(x, y, t)$가 시간에 더 이상 의존하지 않는 상태의 열을 정류상태 steady-state 의 열이라 하는데, 정류상태 열은 라플라스 방정식의 해이나.

풀이 ---

$u_t - (u_{xx} + u_{yy}) = 0$에서 정류상태 열은 $\dfrac{\partial u}{\partial t} = 0$이므로,

$$u_{xx} + u_{yy} = 0 \qquad \square$$

예제 (라플라스 방정식) 라플라스 방정식의 해 중 거리 r에만 의존하는 해를 구하여 보자.

(1) r에만 의존하는 해에 대한 라플라스 방정식은

$$u_{rr} + \frac{1}{r}u_r = 0.$$

(2) 미분방정식 (1)의 해를 구하자.

풀이 ---

(1) 우선, $u_\theta = 0$이므로

$$u_x = u_r r_x + u_\theta \theta_x = u_r r_x$$

---

1) 위치에너지(Potential)에 대한 포텐셜 방정식(Potential Equation)이라고도 한다.

2) 기울기 작용소 $\nabla(del)$을 다음과 같이 형식적으로 사용한다.

$$\nabla \cdot \nabla = \left(\frac{\partial}{\partial x}, \frac{\partial}{\partial y}\right) \cdot \left(\frac{\partial}{\partial x}, \frac{\partial}{\partial y}\right) = \frac{\partial^2}{\partial x^2} + \frac{\partial^2}{\partial y^2} \text{ 즉, } \Delta = \nabla \cdot \nabla (= \nabla^2).$$

$u_{r\theta} = (u_\theta)_r = 0$이므로, 반복하면

$$u_{xx} = (u_x)_x = (u_r r_x)_x = r_x \{(u_r)_r r_x + (u_r)_\theta \theta_x\} + u_r r_{xx}$$
$$= (r_x)^2 u_{rr} + r_{xx} u_r$$

그런데

$$r_x = \frac{1}{2\sqrt{x^2+y^2}}(2x) = \frac{x}{r}$$
$$r_{xx} = \left(\frac{x}{r}\right)_x = \frac{1}{r} + x\left(-\frac{1}{r^2} r_x\right)$$
$$= \frac{r^2 - x^2}{r^3} = \frac{y^2}{r^3}$$

따라서

$$u_{xx} = \left(\frac{x^2}{r^2}\right) u_{rr} + \left(\frac{y^2}{r^3}\right) u_r \qquad \cdots ①$$

마찬가지로(계산 생략)

$$u_{yy} = \left(\frac{y^2}{r^2}\right) u_{rr} + \left(\frac{x^2}{r^3}\right) u_r \qquad \cdots ②$$

①, ②로부터

$$0 = \Delta u = u_{xx} + u_{yy}$$
$$= \left(\frac{x^2+y^2}{r^2}\right) u_{rr} + \left(\frac{y^2+x^2}{r^3}\right) u_r$$
$$= u_{rr} + \frac{1}{r} u_r \qquad \cdots ③$$

즉, 다음과 같이 요약된다.

$u(r)$에 대한 라플라스 방정식은

$$u_{rr} + \frac{1}{r} u_r = 0$$

이제 이 (상)미분방정식을 풀어보자.

(2) $u_r = v$로 쓰면, (일계)미분방정식(계수 내림 방법)

$$v_r + \frac{1}{r}v = 0$$

$$\frac{v_r}{v} = -\frac{1}{r}$$

로 쓰고, 적분하면

$$v = \frac{1}{r}$$

즉, $u_r = \frac{1}{r}$이므로, 구하는 해는

$$u(x, y) = ln \quad r = ln \quad \sqrt{x^2 + y^2}$$ □

예제 (파동방정식) $\frac{\partial^2 u}{\partial t^2} - \frac{\partial^2 u}{\partial x^2} = 0$는 공간변수 x가 하나인 파동방정식이다. 그 해는

$$u(x, t) = F(x+t) + G(x-t)$$

형태임을 보이자. 여기서 F, G는 2회 미분 가능한 임의의 함수이다.

풀이

좌표변환 $\xi = x + t$, $\eta = x - t$을 이용하여, *Chain Rule*을 거듭 사용하면(계산 생략)

$$u_{tt} = u_{\xi\xi} - 2u_{\eta\xi} + u_{\eta\eta} \quad \cdots ①$$

마찬가지로

$$u_{xx} = u_{\xi\xi} + 2u_{\eta\xi} + u_{\eta\eta} \quad \cdots ②$$

이므로 두 식을 빼면

$$\frac{\partial^2 u}{\partial t^2} - \frac{\partial^2 u}{\partial x^2} = -4\frac{\partial^2 u}{\partial\xi\partial\eta} \quad \cdots ③$$

따라서

새 좌표 ξ, η에 대한 파동 방정식은

$$\frac{\partial^2 u}{\partial \xi \partial \eta} = 0$$

이것은 단지 반복적분을 두 번 거듭하면 해를 구할 수 있는 편미분방정식이다. 우선, $\int d\xi$를 하면, $\frac{\partial u}{\partial \eta} = g(\eta)$.[3] 이제, $\int d\eta$를 하면

$$u(\xi,\ \eta) = \int g(\eta)\, d\eta + F(\xi)$$

$G(\eta) = \int g(\eta)\, d\eta$로 쓰면,

$$u(\xi,\ \eta) = F(\xi) + G(\eta)$$ □

3) $\frac{\partial}{\partial \xi} g(\eta) = 0$, 즉 $g(\eta)$ 형태가 적분상수 역할을 하기 때문이다.
마찬가지로 $\frac{\partial}{\partial \eta} F(\xi) = 0$, 즉 $F(\xi)$ 형태가 적분상수 역할을 한다.

7.3 Fourier 급수

어떤 부류의 함수는 삼각함수들의 중첩(**삼각급수 Trigonometric Series**)으로 표현된다. 형식적으로 주어진 함수 f가 구간 $[-\pi, \pi]$에서 삼각급수로 나타나면, 즉

$$f(x) = a_0 + \sum_{n=1}^{\infty} (a_n \cos nx + b_n \sin nx) \qquad \cdots (1)$$

이면 그 계수들은 다음과 같이 나타나게 되는데, a_n을 f에 대한 **푸리에 코싸인 계수 Fourier Cosine coefficients**, b_n을 f에 대한 **푸리에 싸인계수 Fourier Sine coefficients** 라 한다.

$$a_0 = \frac{1}{2\pi}\int_{-\pi}^{\pi} f \qquad \cdots (2)$$

$$a_n = \frac{1}{\pi}\int_{-\pi}^{\pi} f \cdot \cos nx \qquad \cdots (3)$$

$$b_n = \frac{1}{\pi}\int_{-\pi}^{\pi} f \cdot \sin nx \qquad \cdots (4)$$

왜냐하면, (1)의 두 번째 식 양변에 $\cos mx$를 곱하여 적분하면

$$\int_{-\pi}^{\pi} f \cdot \cos mx$$

$$= a_0 \int_{-\pi}^{\pi} \cos mx\, dx + \int_{-\pi}^{\pi} \left(\sum_{n=1}^{\infty} [\, a_n \cos nx \cdot \cos mx + b_n \sin nx \cdot \cos mx \,] \right) dx \qquad \cdots (3)$$

우변의 두 번째 항이 항별 적분이 가능하다고 가정하면

$$\int_{-\pi}^{\pi} f \cdot \cos mx$$

$$= a_0 \int_{-\pi}^{\pi} \cos mx\, dx + \sum_{n=1}^{\infty} \int_{-\pi}^{\pi} [a_n \cos nx \cdot \cos mx + b_n \sin nx \cdot \cos mx]\, dx \quad \cdots (4)$$

여기서 다음 표를 생각하면, 합은 단지 $n = m$인 경우뿐이다. 따라서

$$\int_{-\pi}^{\pi} f \cdot \cos mx = a_m \int_{-\pi}^{\pi} \cos mx \cdot \cos mx = \pi \cdot a_m$$

푸리에 싸인계수도 같은 방법으로 유도할 수 있다(계산 생략). 다음 초보적 계산은 간단하므로 연습으로 남기기로 한다.

m, n이 정수일 때

$$\int_{-\pi}^{\pi} 1 \cdot \sin mx = \int_{-\pi}^{\pi} 1 \cdot \cos mx = 0$$

$$\int_{-\pi}^{\pi} \sin nx \cdot \cos mx = 0$$

$$\int_{-\pi}^{\pi} \sin nx \cdot \sin mx = \int_{-\pi}^{\pi} \cos nx \cdot \cos mx = \begin{cases} 0, & n \neq m \\ \pi, & n = m \end{cases}$$

주어진 함수 f에 대하여 계수가 각각 (2), (3), (4)로 주어진 삼각급수 (1)을 f의 **푸리에 급수 전개** **Fourier series expansion**라 한다. 참고로 푸리에 급수가 주어진 함수 f로 수렴하는가에 대한 수학적 논증은 참고문헌을 찾아보기로 한다. 여기서는 정리만을 소개하기로 한다.

정리

함수 f가 구간 $(-\pi, \pi)$에서 연속 또는 이 구간에서 유한개의 점을 제외한 각 소구간에서 연속으로, 극대, 극소를 가질 때, 앞의 (2), (3), (4)로 주어지는 푸리에 급수 (1)은 $(-\pi, \pi)$ 내에서

- 함수 f가 연속인 점에서는 주어진 함수로 수렴한다.
- 함수 f가 불연속인 점 $x = a$에서는 $\dfrac{f(a+) + f(a-)}{2}$로 수렴한다.

정리에서 구간 $(-\pi, \pi)$에서 유한개의 점을 제외한 각 소구간에서 연속으로, 각 불연속점에서는 극대, 극소를 갖는(즉, 좌(우)극한이 존재하는) 함수 f를 **구분적 연속함수** piecewise continuous function 이라 한다. 이러한 함수류 Function Class 에 대해서는 푸리에 급수전개 Fourier series expansion 가 가능한 것이다.

앞 정리에 대한 자세한 논증은 고급 수학이 필요하므로 참고문헌을 찾아 보기로 한다.

예제 다음과 같이 정의된 함수 f

$$f(x) = \begin{cases} 1, & 0 < x < \pi \\ -1, & -\pi < x < 0 \end{cases}$$

에 대한 푸리에 급수전개를 구해 보자.

풀이

f가 기함수라는 것을 생각하면

$$a_0 - 0, \ u_n = 0$$

임을 알 수 있다. 이제

$$b_n = \frac{2}{\pi}\int_0^{\pi} sin\ nx\ dx = \frac{2(1-cos\ n\pi)}{n\pi}$$

$cos\ n\pi = (-1)^n$이므로 $b_n = \dfrac{2[1-(-1)^n]}{n\pi}$

따라서 구하는 푸리에 급수는 푸리에 싸인급수로

$$f(x) = \frac{2}{\pi}\sum_{n=1}^{\infty}\frac{[1-(-1)^n]}{n} sin\ n\pi$$ □

즉, 구간 $(0, \pi)$에서는

$$1 = \frac{4}{\pi}\left(sin\ x + \frac{1}{3} sin\ 3x + \frac{1}{5} sin\ 5x + \cdots\right)$$

이 되는 것이다. 한편 f의 불연속점 $x=0$에서는 (우변)의 푸리에 급수는 0

이 되어, 정리와 같이

$$\frac{f(0+)+f(0-)}{2}=\frac{1+(-1)}{2}(=0)$$

을 나타내고 있음을 알 수 있다.

주기 $2P$인 전개

함수의 집합

$$\left\{1,\ cos\frac{\pi}{p}x,\ sin\frac{\pi}{p}x,\ cos\frac{2\pi}{p}x,\ sin\frac{2\pi}{p}x,\ \cdots\right\}$$

은 구간 $[-p, p]$ 상에서 직교모임이 된다. 따라서 주어진 함수 f가 구간 $[-p, p]$에서 삼각급수로 나타내면, 각 계수들은 앞과 같은 계산으로 다음과 같음을 알 수 있다.

구간 $[-p, p]$에서 함수 f의 푸리에 급수전개

$$f(x)=a_0+\sum_{n=1}^{\infty}\left(a_n\cos\frac{n\pi}{p}x+b_n\sin\frac{n\pi}{p}x\right) \qquad \cdots (5)$$

푸리에 계수는

$$a_0=\frac{1}{2p}\int_{-p}^{p}f \qquad \cdots (6)$$

$$a_n=\frac{1}{p}\int_{-p}^{p}f\cdot\cos\frac{n\pi}{p}x \qquad \cdots (7)$$

$$b_n=\frac{1}{p}\int_{-p}^{p}f\cdot\sin\frac{n\pi}{p}x \qquad \cdots (8)$$

푸리에 코싸인, 싸인 급수

- 우함수의 곱은 우함수
- 기함수의 곱은 우함수

- 우함수와 기함수의 곱은 기함수
- 우함수의 합(차)는 우함수
- 기함수의 합(차)는 기함수

따라서 구간 $[-p, p]$ 상의 우**even** 함수 f는 푸리에 코싸인**cosine** 급수를 가진다. 왜냐하면 푸리에 계수는 $b_n = 0$가 되어

$$f(x) = a_0 + \sum_{n=1}^{\infty} a_n \cos \frac{n\pi}{p} x$$

여기서

$$a_0 = \frac{1}{p}\int_0^p f$$

$$a_n = \frac{2}{p}\int_0^p f \cdot \cos \frac{n\pi}{p} x$$

로 쓸 수 있다.

마찬가지로, 구간 $[-p, p]$ 상의 기**odd** 함수 f는 푸리에 싸인 급수를 가진다. 즉, 푸리에 계수는 $a_0 = 0$, $a_n = 0$가 되어

$$f(x) = \sum_{n=1}^{\infty} b_n \sin \frac{n\pi}{p} x$$

여기서

$$b_n = \frac{2}{p}\int_0^p f \cdot \sin \frac{n\pi}{p} x$$

로 쓸 수 있다.

반구간Half-Range 상의 전개

구간 $0 < x < L$ 상에 주어진 함수 f는 다음과 같이 3가지 형태로 확장할 수 있다.

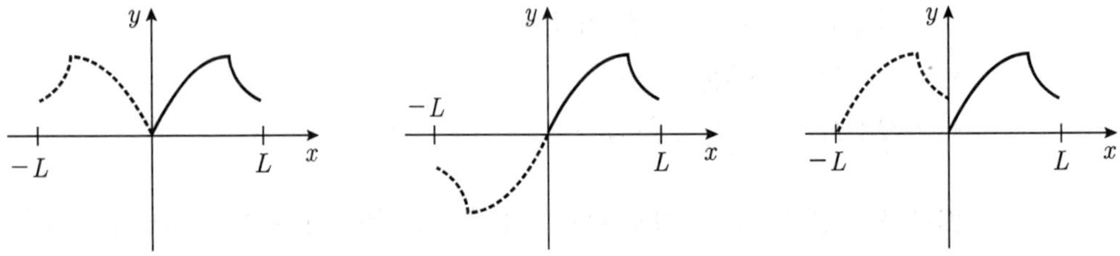

$f(x)=f(x+L)$

따라서 각 경우에 대한 푸리에 급수전개를 가질 수 있다.

CASE 1 우함수로 확장된 경우

구간 $[-L, L]$ 상의 우 **even** 함수 f는 푸리에 코싸인 **cosine** 급수를 가진다.

$$f(x)=a_0+\sum_{n=1}^{\infty} a_n \cos \frac{n\pi}{L}x$$

여기서

$$a_0=\frac{1}{L}\int_0^L f$$

$$a_n=\frac{2}{L}\int_0^L f\cdot \cos \frac{n\pi}{L}x$$

CASE 2 기함수로 확장된 경우

구간 $[-L, L]$ 상의 기 **odd** 함수 f는 푸리에 싸인 급수를 가진다.

$$f(x)=\sum_{n=1}^{\infty} b_n \sin \frac{n\pi}{L}x$$

여기서

$$b_n=\frac{2}{L}\int_0^L f\cdot \sin \frac{n\pi}{L}x$$

CASE 3 주기 L인 함수로 확장된 경우

이 경우 주기가 $2P=L$, 즉 $P=\dfrac{L}{2}$이 되므로

$$f(x) = a_0 + \sum_{n=1}^{\infty} \left(a_n \cos \frac{2n\pi}{L} x + b_n \sin \frac{2n\pi}{L} x \right)$$

각 푸리에 계수는

$$a_0 = \frac{1}{L} \int_0^L f$$

$$a_n = \frac{2}{L} \int_0^L f \cdot \cos \frac{2n\pi}{L} x$$

$$b_n = \frac{2}{L} \int_0^L f \cdot \sin \frac{2n\pi}{L} x$$

으로 주어지게 된다.

7.4 현의 파동

$x=0$와 $x=L$ 두 지점에 고정시킨 현의 파동을 나타내 보자. 현 위의 각 점은 y축 방향으로 진동한다. 현에 작용하는 장력 a tension 의 크기는 T로 일정하다고 가정한다. 그리고 현의 무게는 T에 비하여 아주 작다고 하자.

방정식의 설정

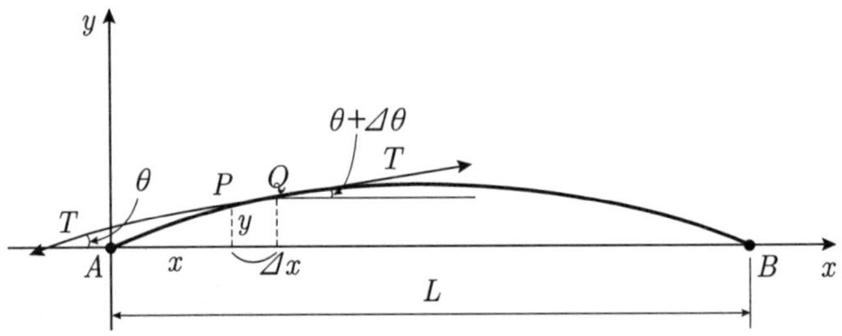

그림에서 현 $\widehat{PQ}$에 작용하는 수직방향의 장력의 차는

$$T\sin(\theta+\Delta\theta)-T\sin\theta$$

그런데 $\alpha\approx 0$일 때 $\sin\alpha\approx\tan\alpha$, 그리고 탄젠트 값은 접선기울기이므로

$$T\frac{\partial y}{\partial x}(x+\Delta x,\ t)-T\frac{\partial y}{\partial x}(x,\ t) \qquad \cdots (1)$$

이 수직 장력의 알짜힘 a net force 으로 현이 진동을 일으키므로, 뉴턴의 제2법칙 $F=ma$(단, m : 현 $\widehat{PQ}$ 질량)로부터

$$F=\frac{\rho\cdot\Delta x}{g}\,\frac{\partial^2 y}{\partial t^2} \qquad \cdots (2)$$

여기서 현 $\widehat{PQ}$의 질량 $m=\dfrac{\rho\cdot\Delta x}{g}$이다. 왜냐하면 ρ를 현의 단위길이 당 무게(즉, 지구가 물체를 잡아당기는 힘)일 때, 현 $\widehat{PQ}$ 부분 무게는 $\rho\cdot\Delta x$. 그

런데 무게는 뉴턴 제 2법칙으로부터 (무게)=(질량) · (중력가속도), 즉 (질량) $= \frac{\text{무게}}{g}$.

이제 (1), (2)로부터

$$T\left(\frac{\partial y}{\partial x}(x+\Delta x,\ t)-\frac{\partial y}{\partial x}(x,\ t)\right)=\frac{\rho\cdot\Delta x}{g}\,\frac{\partial^2 y}{\partial t^2}$$

이것을 Δx로 나누어 $\Delta x \to 0$하면

$$T\,\frac{\partial^2 y}{\partial x^2}=\frac{\rho}{g}\,\frac{\partial^2 y}{\partial t^2}$$

즉,

$$\frac{\partial^2 y}{\partial t^2}=\left(\frac{gT}{\rho}\right)\frac{\partial^2 y}{\partial x^2}$$

$\frac{gT}{\rho}=a^2$로 나타내면, 우리는 현의 (파동)방정식

$$\frac{\partial^2 y}{\partial t^2}=a^2\,\frac{\partial^2 y}{\partial x^2} \qquad \cdots (3)$$

을 얻는다.

현의 파동

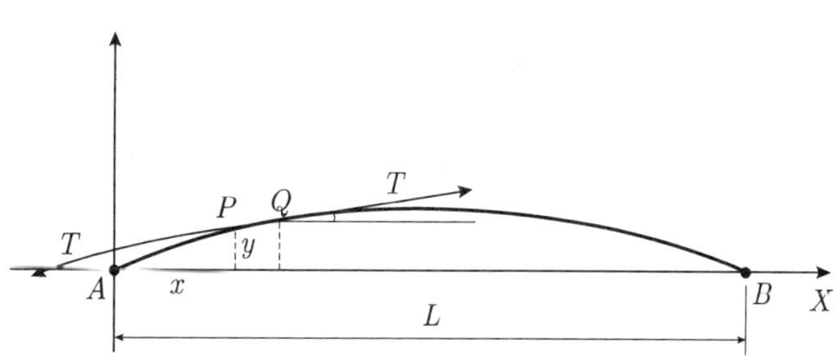

그림에서와 같이 길이 L인 현의 수직변위 **vertical dispalcement** 는

$$\frac{\partial^2 u}{\partial t^2} - a^2 \frac{\partial^2 u}{\partial x^2} = 0, \ 0 < x < L, \ t > 0 \qquad \cdots (1)$$

$$u(0, t) = 0, \ u(L, t) = 0, \ t > 0 \qquad \cdots (2)$$

$$u(x, 0) = f(x), \ \frac{\partial u}{\partial t}|_{t=0} = g(x) \qquad \cdots (3)$$

을 만족한다.

경계값 문제에 대한 변수분리형 해 $u(x, t) = X(x)T(t)$를 구해보면

$$\frac{X''}{X} = \frac{T''}{a^2 T} = -\lambda^2$$

로 두면,

$$X'' + \lambda^2 X = 0$$

$$T'' + \lambda^2 a^2 T = 0$$

따라서

$$X = c_1 \cos \lambda x + c_2 \sin \lambda x$$

$$T = c_3 \cos (\lambda a) t + c_4 \sin (\lambda a) t$$

경계값조건 (2)로부터 $X(0) = 0$, $X(L) = 0$, 따라서 $c_1 = 0$, $c_2 \sin \lambda L = 0$이므로

$$X = c_2 \sin \frac{n\pi}{L} x, \ n = 1, 2, 3, \cdots$$

그러므로 경계값조건 (2)를 만족하는 (1)의 해들은

$$u_n(x, t) = \left(A_n \cos \frac{n\pi a}{L} t + B_n \sin \frac{n\pi a}{L} t\right) \sin \frac{n\pi}{L} x \qquad \cdots (4)$$

그리고 이들이 만든 중첩해

$$u(x, t) = \sum_{n=1}^{\infty} \left(A_n \cos \frac{n\pi a}{L} t + B_n \sin \frac{n\pi a}{L} t\right) \sin \frac{n\pi}{L} x \qquad \cdots (5)$$

이제 경계값조건 (3)으로부터

$$u(x,\ 0) = f(x) = \sum_{n=1}^{\infty} A_n \sin \frac{n\pi}{L} x$$

그런데 이것은 $f(x)$의 반구간 **half-range** 상의 싸인 급수전개로 볼 수 있으므로

$$A_n = \frac{2}{L} \int_0^L f(x) \sin \frac{n\pi}{L} x \, dx \qquad \cdots (6)$$

한편

$$\frac{\partial u}{\partial t} = \sum_{n=1}^{\infty} \left(-A_n \frac{n\pi a}{L} \sin \frac{n\pi a}{L} t + B_n \frac{n\pi a}{L} \cos \frac{n\pi a}{L} t \right) \sin \frac{n\pi}{L} x$$

경계값조건 (3)의 두 번째로부터

$$\frac{\partial u}{\partial t}\Big|_{t=0} = g(x) = \sum_{n=1}^{\infty} \left(B_n \frac{n\pi a}{L} \right) \sin \frac{n\pi}{L} x$$

이것은 $g(x)$의 반구간상의 싸인 급수전개로 볼 수 있으므로

$$B_n = \left(\frac{L}{n\pi a} \right) \frac{2}{L} \int_0^L g(x) \sin \frac{n\pi}{L} x \, dx$$

$$= \frac{2}{n\pi a} \int_0^L g(x) \sin \frac{n\pi}{L} x \qquad \cdots (7)$$

구하는 해는 (6), (7)로 주어지는 (5). f, g가 주어지면 A_n, B_n을 계산하게 된다.

7.5 열 방정식과 Laplace 방정식

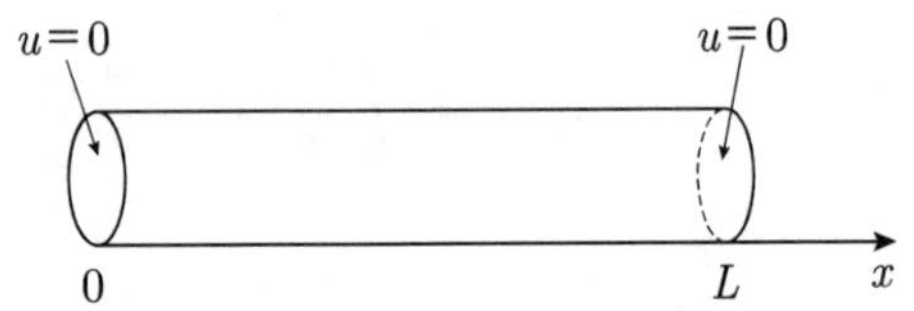

길이 L인 가느다란 봉에 초기 온도 분포는 $f(x)$로 주어지고, 양 끝은 $t>0$에 대하여 온도 0를 유지한다고 하자. 이 봉의 온도 함수 $u(x,\ t)$는 다음 경계값 문제(BVP)를 만족하여야 한다.[4)]

$$\frac{\partial u}{\partial t} - k\frac{\partial^2 u}{\partial x^2} = 0,\ 0 < x < L,\ t > 0 \qquad \cdots (1)$$

$$u(0,\ t) = 0,\ u(L,\ t) = 0\ ,\ t > 0 \qquad \cdots (2)$$

$$u(x,\ 0) = f(x),\ 0 < x < L \qquad \cdots (3)$$

경계값 문제를 풀기 위하여 변수분리형 해 $u(x,\ t) = X(x)T(t)$를 (1)에 대입하여 정리하여

$$\frac{X''}{X} = \frac{T'}{kT} = -\lambda^2 \qquad \cdots (4)$$

로 두면,

$$\begin{aligned} X'' + \lambda^2 X = 0 \\ T' + k\lambda^2 T = 0 \end{aligned} \qquad \cdots (5)$$

이므로

$$X = c_1 cos\, \lambda x + c_2 sin\, \lambda x \qquad \cdots (6)$$

$$T = c_3 e^{-k\lambda^2 t} \qquad \cdots (7)$$

그런데 경계값 조건 (2)로부터

$$u(0,\ t) = X(0)T(t) = 0$$

---

4) BVP(Boundary Value Problem) 경계값 문제.

$$u(L,\ t) = X(L)T(t) = 0$$

로부터 $X(0) = 0$, $X(L) = 0$. 먼저 $X(0) = 0$로부터 (6)에서 $c_1 = 0$, 따라서

$$X = c_2 sin\, \lambda x$$

가 된다. 다시 $X(L) = 0$로부터

$$X(L) = c_2 sin\, \lambda L = 0$$

$c_2 = 0$인 경우는 $X = 0$가 되어 $u = 0$로 무용근 a trivial solution이 된다. $c_2 \neq 0$에 대해서

$$\lambda L = n\pi,\ n = 1,\ 2,\ \cdots \qquad \cdots (8)$$

이 되어

$$X = c_2 sin\, \frac{n\pi}{L} x,\ n = 1,\ 2,\ \cdots \qquad \cdots (9)$$

(7), (9)로부터 구한 해들은

$$u_n(x,\ t) = XT = A_n e^{-k\left(\frac{n^2\pi^2}{L^2}\right)t} \cdot sin\, \frac{n\pi}{L} x \qquad \cdots (10)$$

그런데 초기값 조건 (3)으로부터

$$u_n(x,\ 0) = f(x) = A_n sin\, \frac{n\pi}{L} x$$

가 되어 임의로 주어지는 함수 f에 부응하지 못한다. 그런데 **중첩해** superposition

$$u(x,\ t) = \sum_{n=1}^{\infty} u_n = \sum_{n=1}^{\infty} A_n e^{-k\left(\frac{n^2\pi^2}{L^2}\right)t} \cdot sin\, \frac{n\pi}{L} x \qquad \cdots (11)$$

를 생각하면, 초기값 조건 (3)으로부터

$$u_n(x,\ 0) = f(x) = \sum_{n=1}^{\infty} A_n sin\, \frac{n\pi}{L} x$$

가 되어, f의 반구간 half-range 상의 푸리에 싸인급수 Fourier sine sreies 전개로 볼

수 있게 된다. 따라서

$$A_n = \frac{2}{L}\int_0^L f(x) sin \frac{n\pi}{L} x \ dx \qquad \cdots (12)$$

은 주어진 f에 대하여 계산할 수 있게 된다. (12)로 주어진 (11)이 구하는 해이다.

정류 상태의 열방정식

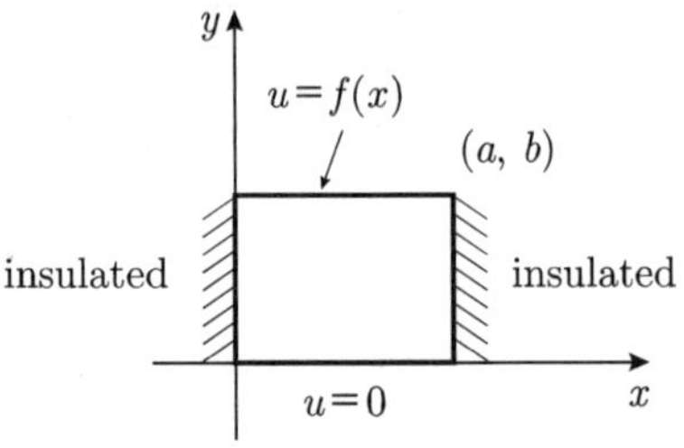

그림과 같이 가장자리가 절연 **insulated** 된 직사각형판 상의 정류상태 **steady-state** 의 열의 분포 $u(x, t)$는 경계값 조건

$$\frac{\partial u}{\partial x}|_{x=0} = 0, \ \frac{\partial u}{\partial x}|_{x=a} = 0, \ 0 < y < b$$

$$u(x, 0) = 0, \ u(x, b) = f(x), \ 0 < x < a$$

로 주어지는 Laplace 방정식

$$\frac{\partial^2 u}{\partial x^2} + \frac{\partial^2 u}{\partial y^2} = 0 \ , \ 0 < x < a, \ 0 < y < b$$

의 해가 된다.

경계값 조건을 만족하는 변수분리형 해 $u = X(x)Y(y)$를 대입하여

$$\frac{X''}{X} = -\frac{Y''}{Y} = -\lambda^2$$

로 두면,

$$X'' + \lambda^2 X = 0 \qquad \cdots (1)$$

$$Y'' - \lambda^2 Y = 0 \qquad \cdots (2)$$

따라서

$$X = c_1 \cos \lambda x + c_2 \sin \lambda x \qquad \cdots (3)$$

(2)에 대해서는 Y의 기본해 $\{e^{\lambda y}, e^{-\lambda y}\}$을 이용하면 다른 기본해 $\frac{e^{\lambda y} + e^{-\lambda y}}{2} = \cosh y$ 와 $\frac{e^{\lambda y} - e^{-\lambda y}}{2} = \sinh\ y$ 를 이용한 그 일반해는

$$Y = c_3 \cosh(\lambda y) + c_4 \sinh(\lambda y) \qquad \cdots (4)$$

처음 3개의 경계값 조건은 앞과 같은 방법으로

$$X'(0) = 0,\ X'(a) = 0,\ \text{그리고}\ Y(0) = 0$$

을 뜻한다. 우선 $X'(0) = 0$로부터 $c_2 = 0$, 따라서

$$X = c_1 \cos \lambda x.$$

다시 $X'(a) = 0$로부터 $\lambda = 0$ 또는 $\lambda = \frac{n\pi}{a}$.

$\lambda = 0$일 때는 (1)로부터

$$X = c_1 + c_2 x.$$

경계값 조건 $X'(0) = 0$, $X'(a) = 0$를 생각하면

$$X = c_1.$$

종합하면

$$X = c_1 \qquad \text{for } n = 0,$$

$$X = c_1 \cos \frac{n\pi}{a} x \qquad \text{for } n = 1, 2, \cdots$$

한편, 경계값 조건 $Y(0) = 0$를 생각하면, 우선 $\lambda > 0$에 해당하는 (2)의 해 (4)로부터

$$0 = u(x, 0) = c_3 \cosh(\lambda \cdot 0) + c_4 \sinh(\lambda \cdot 0) = c_3$$

따라서 $c_3 = 0$.

한편 $\lambda = 0$에 해당하는 (2)는 $Y'' = 0$가 되어 $Y(y) = c_3 + c_4 y$. 따라서 경계값 조건 $Y(0) = 0$로부터 $c_3 = 0$가 되어

$$Y(y) = c_4 y \qquad \text{for } n = 0$$

$$Y(y) = c_4 y \sinh \frac{n\pi}{a} y \qquad \text{for } n = 1, 2, \cdots$$

종합하면 처음 3가지 경계값 조건을 만족하는 변수분리형 해 $u(x, y)$는

$$u = A_0 y \qquad \text{for } n = 0$$

$$u = A_n \sinh \frac{n\pi}{a} y \cdot \cos \frac{n\pi}{a} x \qquad \text{for } n = 1, 2, \cdots$$

그러나 경계값 조건 $f(x) = u(x, b)$가 불일치하게 되어 그 해들의 중첩해

$$u(x, y) = A_0 y + \sum_{n=1}^{\infty} A_n \sinh \frac{n\pi}{a} y \cdot \cos \frac{n\pi}{a} x \qquad \cdots (5)$$

를 생각하면 경계값 조건으로부터

$$u(x, b) = f(x) = A_0 b + \sum_{n=1}^{\infty} \left(A_n \sinh \frac{n\pi}{a} b \right) \cos \frac{n\pi}{a} x$$

(우변)은 함수 f의 반구간 **half-range** 코싸인 급수전개로 볼 수 있으므로

$$A_0 b = \frac{1}{a} \int_0^a f \qquad \cdots (6)$$

$$A_n \sinh \frac{n\pi}{a} b = \frac{2}{a} \int_0^a f(x) \cos \frac{n\pi}{a} x \, dx \qquad \cdots (7)$$

가 되므로 **주어진 함수 f에 대한** 계수 A_0, A_n을 구할 수 있게 된다.

7.6 극형식의 Laplacian

열전도 방정식 $\frac{\partial u}{\partial t} - \frac{\partial^2 u}{\partial x^2} - \frac{\partial^2 u}{\partial y^2} = 0$에서 $\frac{\partial u}{\partial t} = 0$인 상태의 열분포 u를 정류상태의 열 **a steady-state heat** 이라 한다. 따라서 정류상태의 열 u에 대한 편미분방정식은 $\frac{\partial^2 u}{\partial x^2} + \frac{\partial^2 u}{\partial y^2} = 0$가 되어 Laplace 방정식이 된다.

예제 반지름이 c인 원판에 대하여 경계값 $u(c, \theta) = f(\theta)$로 주어지는 정류 상태의 열을 구하여 보자. $0 < \theta < 2\pi$

풀이 --------

라프라샨을 극좌표로 고쳐쓰면 다음과 같다.(체인룰 계산 생략)

$$\begin{aligned}\Delta u &= \frac{\partial^2 u}{\partial x^2} + \frac{\partial^2 u}{\partial y^2} \\ &= \frac{\partial^2 u}{\partial r^2} + \frac{1}{r}\frac{\partial u}{\partial r} + \frac{1}{r^2}\frac{\partial^2 u}{\partial \theta^2}\end{aligned}$$

주어진 경계값문제는

$$\frac{\partial^2 u}{\partial r^2} + \frac{1}{r}\frac{\partial u}{\partial r} + \frac{1}{r^2}\frac{\partial^2 u}{\partial \theta^2} = 0,\ \ 0 < \theta < 2\pi,\ \ 0 < r < c$$

$$u(c, \theta) = f(\theta),\quad 0 < \theta < 2\pi$$

$u(r, \theta) = R(r)\Theta(\theta)$ 꼴 해를 구해보면

$$\frac{r^2 R'' + rR'}{R} = -\frac{\Theta''}{\Theta}\quad (= \lambda^2)$$

가 되어

$$r^2 R'' + rR' - \lambda^2 R = 0 \qquad \cdots (1)$$

$$\Theta'' - \lambda^2 \Theta = 0 \qquad \cdots (2)$$

(2)의 해는

$$\Theta(\theta) = c_1 \cos \lambda\theta + c_2 \sin \lambda\theta \qquad \cdots (3)$$

(1)의 해는

$$R(r) = c_3 r^{\lambda} + c_4 r^{-\lambda} \qquad \cdots (4)$$

물리적 상황을 생각하면 열 u는 θ에 대하여 주기 2π이어야 하므로 $\lambda = n$, 즉

$$\Theta(\theta) = c_1 \cos n\theta + c_2 \sin n\theta \qquad \cdots (5)$$

$$R(r) = c_3 r^{n} + c_4 r^{-n} \qquad \cdots (6)$$

한편 열 u는 주어진 영역에서 유계 **bounded** 이므로 $n > 0$일 때 $c_4 = 0$가 되어야 한다. 따라서 각각의 $\lambda = n(> 0)$에 대해서 구하는 해는

$$u_n(r,\ \theta) = R(r)\Theta(\theta) = r^n(A_n \cos n\theta + B_n \sin n\theta) \qquad \cdots (7)$$

꼴로 나타내어진다. 그런데, $\lambda = n(= 0)$인 경우에도 다음과 같이 해를 포함하게 된다. $\lambda = n(= 0)$에 대해서

$$\frac{r^2 R'' + rR'}{R} = -\frac{\Theta''}{\Theta} = 0$$

즉,

$$r^2 R'' + rR' = 0$$

$$\Theta'' = 0$$

이 되어

$$\Theta = c_5\theta + c_6,\ R = c_7 + c_8 \ln r$$

그런데, 열 u는 θ에 대하여 주기 2π이어야 하므로 $c_5 = 0$가 되어야 하고, 한편 열 u는 주어진 영역에서 유계 **bounded** 이어야 하므로 $c_8 = 0$이어야 하므로, $\lambda = n(= 0)$에 대한 해는

$$u_0 = c_6 c_7 (= A_0) \qquad \cdots (8)$$

임을 알 수 있다. 이제 경계값 조건 $u(c,\ \theta) = f(\theta)$에 부합하는 중첩해 **superposition** 는

$$u(r,\ \theta) = A_0 + \sum_{n=1}^{\infty} r^n \left(A_n \cos n\theta + B_n \sin\theta\right) \qquad \cdots (9)$$

이제 $r = c$에 대한 주어진 경계값 조건

$$f(\theta) = u(c,\ \theta) = A_0 + \sum_{n=1}^{\infty} c^n \left(A_n \cos n\theta + B_n \sin\theta\right)$$

를 만족하여야 하므로, 각 계수들은 푸리에 계수

$$A_0 = \frac{1}{2\pi}\int_0^{2\pi} f(\theta)\, d\theta \qquad \cdots (10)$$

$$c^n \cdot A_n = \frac{1}{\pi}\int_0^{2\pi} f(\theta) \cos n\theta\, d\theta \qquad \cdots (11)$$

$$c^n \cdot B_n = \frac{1}{\pi}\int_0^{2\pi} f(\theta) \sin n\theta\, d\theta \qquad \cdots (12)$$

를 구하면 된다.

예제 그림과 같은 반원판상의 다음 경계값으로 주어지는 정류상태 열 $u(r,\ \theta)$를 구하여 보자.

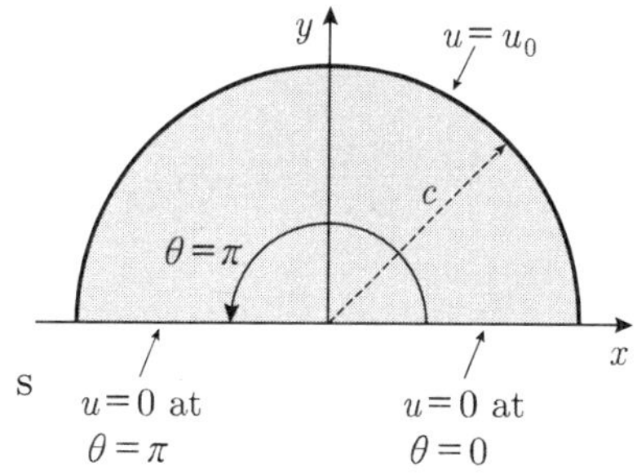

풀이

경계값 조건

$$u(c,\ \theta) = u_0(\text{상수}),\ 0 < \theta < \pi$$
$$u(r,\ 0) = 0,\ u(r,\ \pi) = 0 \quad 0 < r < c$$

이 주어진 정류상태의 열 $u(r,\ \theta)$은

$$\frac{\partial^2 u}{\partial r^2}+\frac{1}{r}\frac{\partial u}{\partial r}+\frac{1}{r^2}\frac{\partial^2 u}{\partial \theta^2}=0\ ,\ 0<\theta<\pi,\ 0<r<c$$

이므로 앞과 같이 $u(r,\theta)=R(r)\Theta(\theta)$ 꼴 해를 구해보면

$$\frac{r^2 R''+rR'}{R}=-\frac{\Theta''}{\Theta}\quad (=\lambda^2)$$

가 되어

$$r^2 R''+rR'-\lambda^2 R=0 \qquad \cdots (13)$$

$$\Theta''+\lambda^2\Theta=0 \qquad \cdots (14)$$

곱셈꼴 해의 (3)부분 $\Theta(\theta)=c_1\cos\lambda\theta+c_2\sin\lambda\theta$은 경계값 조건

$$\Theta(0)=0,\ \Theta(\pi)=0$$

을 만족하여야 하므로, $\Theta(0)=c_1=0$, 따라서 $\Theta(\theta)=c_2\sin\lambda\theta$, $\Theta(\pi)=c_2\sin\lambda\pi=0$로부터 $\lambda=n$. 그러므로 $\Theta(\theta)=c_2\sin n\theta$.

한편 $R(r)=c_3r^n+c_4r^{-n}$. 주어진 영역에서 유계 **bounded** 이므로 $n>0$일 때 $c_4=0$가 되어야 한다.

따라서 각각의 $\lambda=n(>0)$에 대해서 해 $u_n=A_n r^n\sin n\theta$에 대한 경계값 조건을 고려한 중첩해 **superposition** 는

$$u(r,\theta)=\sum_{n=1}^{\infty}A_n r^n\sin n\theta$$

이제 경계값 $u(c,\theta)=u_0$(상수)를 생각하면

$$u_0=\sum_{n=1}^{\infty}A_n c^n\sin n\theta$$

따라서 $A_n c^n$은 $f(\theta)=u_0$에 대한 푸리에 싸인계수

$$A_n c^n=\frac{2}{\pi}\int_0^{\pi}u_0\sin n\theta\, d\theta$$

$$=\frac{2u_0}{\pi}\frac{1-(-1)^n}{n}$$

즉, $$A_n = \frac{2u_0}{\pi c^n} \frac{1-(-1)^n}{n}$$

따라서 주어진 경계값 문제에 부합하는 해는

$$u_n(r,\ \theta) = \frac{2u_0}{\pi} \sum_{n=1}^{\infty} \frac{1-(-1)^n}{n} \left(\frac{r}{c}\right)^n \ sin\ n\theta \qquad \square$$

참고로 $\lambda = n(=0)$에 대해서는

$$\frac{r^2 R^{''} + r R^{'}}{R} = -\frac{\Theta^{''}}{\Theta} = 0$$

즉,

$$r^2 R^{''} + r R^{'} = 0$$

$$\Theta^{''} = 0$$

그런데 앞에서와 같이 구하는 해의 물리적 뜻을 생각하면 $\Theta = c_5$가 되어야 하는데, 주어진 경계값 조건 $\Theta(0) = 0$, $\Theta(\pi) = 0$를 생각하면 $\Theta = c_5(=0)$, 따라서 $\lambda = n(=0)$에 해당하는 해 $u_0 = R(r)\Theta(\theta) = 0$(자명한 해 **a trivial solution**)가 된다.

7.7 1계 준선형 a quasi-linear

$$P(x,\ y,\ z)\frac{\partial z}{\partial x}+Q(x,\ y,\ z)\frac{\partial z}{\partial x}=R(x,\ y,\ z)$$

1계 편미분방정식

$$P(x,\ y,\ z)\frac{\partial z}{\partial x}+Q(x,\ y,\ z)\frac{\partial z}{\partial x}=R(x,\ y,\ z) \qquad \cdots (1)$$

을 **준선형 a quasi-linear** 이라 한다.

정리 라그랑주 해법

준선형 방정식 (1)을 풀기 위한 Lagrange 방법은 다음과 같다. 먼저

$$\frac{dx}{P}=\frac{dy}{Q}=\frac{dz}{R}\ (\text{특성 방정식}) \qquad \cdots (2)$$

을 풀어 얻은 두 개의 해를

$$u(x,\ y,\ z)=a,\ v(x,\ y,\ z)=b \qquad \cdots (3)$$

를 얻으면, 임의의 미분가능 함수 φ에 대하여

$$\varphi(u,v)=0 \qquad \cdots (4)$$

가 **일반해**가 된다. 또는 일반해를 $v=\psi(u)$ 꼴로 나타낼 수 있다.

증명

식 (3)를 미분하면 각각

$$\frac{\partial u}{\partial x}dx+\frac{\partial u}{\partial y}dy+\frac{\partial u}{\partial z}dz=0 \qquad \cdots (5)$$

$$\frac{\partial v}{\partial x}dx+\frac{\partial v}{\partial y}dy+\frac{\partial v}{\partial z}dz=0$$

을 얻는데 식 (2)로부터(아래 그림 참조)

$$P\frac{\partial u}{\partial x}+Q\frac{\partial u}{\partial y}+R\frac{\partial u}{\partial z}=0 \qquad \cdots (6)$$

$$P\frac{\partial v}{\partial x}+Q\frac{\partial v}{\partial y}+R\frac{\partial v}{\partial z}=0$$

으로 쓸 수 있으므로

$$P:Q:R=\begin{vmatrix} u_y & u_z \\ v_y & v_z \end{vmatrix}:\begin{vmatrix} u_z & u_x \\ v_z & v_x \end{vmatrix}:\begin{vmatrix} u_x & u_y \\ v_x & v_y \end{vmatrix} \qquad \cdots (7)$$

임을 알 수 있다. 이제 (4)를 각각 x, y로 미분하면

$$\frac{\partial\varphi}{\partial u}\left(\frac{\partial u}{\partial x}+\frac{\partial u}{\partial z}\frac{\partial z}{\partial x}\right)+\frac{\partial\varphi}{\partial v}\left(\frac{\partial v}{\partial x}+\frac{\partial u}{\partial z}\frac{\partial z}{\partial x}\right)=0$$

$$\frac{\partial\varphi}{\partial u}\left(\frac{\partial u}{\partial y}+\frac{\partial u}{\partial z}\frac{\partial z}{\partial y}\right)+\frac{\partial\varphi}{\partial v}\left(\frac{\partial v}{\partial y}+\frac{\partial u}{\partial z}\frac{\partial z}{\partial y}\right)=0$$

이것을 행렬곱으로 나타내보면 비자명해 $\begin{pmatrix}\varphi_u\\ \varphi_v\end{pmatrix}\neq\begin{pmatrix}0\\0\end{pmatrix}$가 되어 그 계수 행렬은 비가역으로 행렬식은 0이 되므로

$$\begin{vmatrix} \frac{\partial u}{\partial x}+\frac{\partial u}{\partial z}\frac{\partial z}{\partial x} & \frac{\partial v}{\partial x}+\frac{\partial v}{\partial z}\frac{\partial z}{\partial x} \\ \frac{\partial u}{\partial y}+\frac{\partial u}{\partial z}\frac{\partial z}{\partial y} & \frac{\partial v}{\partial y}+\frac{\partial v}{\partial z}\frac{\partial z}{\partial y} \end{vmatrix}=0 \qquad \cdots (8)$$

행렬식 (8)을 정리하면

$$\begin{vmatrix} \frac{\partial u}{\partial y} & \frac{\partial u}{\partial z} \\ \frac{\partial v}{\partial y} & \frac{\partial v}{\partial z} \end{vmatrix}\frac{\partial z}{\partial x}+\begin{vmatrix} \frac{\partial u}{\partial z} & \frac{\partial u}{\partial x} \\ \frac{\partial v}{\partial z} & \frac{\partial v}{\partial x} \end{vmatrix}\frac{\partial z}{\partial y}=\begin{vmatrix} \frac{\partial u}{\partial x} & \frac{\partial u}{\partial y} \\ \frac{\partial v}{\partial x} & \frac{\partial v}{\partial y} \end{vmatrix} \qquad \cdots (8)'$$

따라서 식 (7)로부터

$$P\frac{\partial z}{\partial x}+Q\frac{\partial z}{\partial y}=R \qquad \square$$

미분방정식 (1)에 대한 **기하적 해석**을 하면 다음과 같다. 주어진 미분방정식 (1)을

$$P\frac{\partial z}{\partial x}+Q\frac{\partial z}{\partial y}+R\cdot(-1)=0$$

로 쓰면 벡터 $\left(\frac{\partial z}{\partial x}, \frac{\partial z}{\partial y}, -1\right)$는 구하는 해곡면에 법선벡터이므로 계수벡터 (P, Q, R)는 해곡면의 접평면에 속하는 벡터임을 알 수 있다.

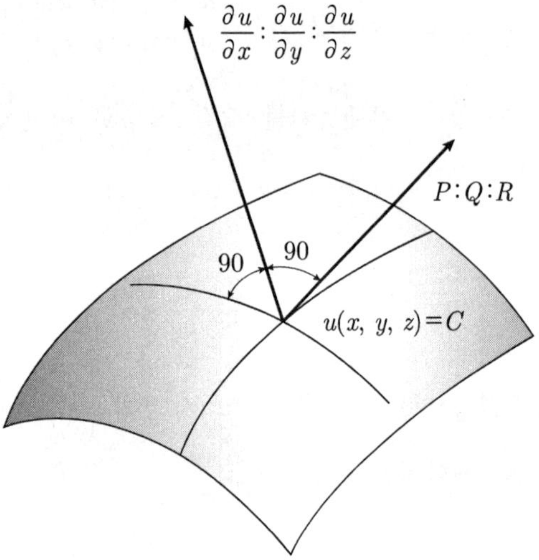

마찬가지로 보조방정식 (2)

$$\frac{dx}{P}=\frac{dy}{Q}=\frac{dz}{R}$$

에 대한 기하적 해석은 다음과 같다. 이는 방향 (P, Q, R)을 접선벡터로 갖는 공간 곡선을 나타내므로 이러한 곡선을 주어진 방정식에 대한 **특성곡선 a characteristic curve**이라 한다. 이 특성곡선들로 구성된 해곡면 (3)

$$u(x, y, z)=a, \ v(x, y, z)=b$$

의 교선이 접선벡터 (P, Q, R)로 하는 특성곡선들이다. 두 곡면은 임의의 상수 a, b를 파라미터 a parameter로 하는 무수히 많은 곡면들이므로, 그 교선들도 무수히 많게 된다. 이것을 함수관계 $\varphi(u, v)=0$로 제한한 것이다.

예제 $(y+z)\frac{\partial z}{\partial x}+(x+z)\frac{\partial z}{\partial y}=x+y$의 해를 구해보자.

풀이

먼저 해당 특성방정식

$$\frac{dx}{y+z}=\frac{dy}{x+z}=\frac{dz}{x+y} \qquad \cdots (1)$$

를 풀어보자. 이것은 비 ratio 의 성질에 따라 다음과 같다.

$$\frac{dx+dy+dz}{2x+2y+2z}=\frac{dx-dy}{-(x-y)}=\frac{dx-dz}{-(x-z)} \qquad \cdots (2)$$

(2)의 일차독립인 두 가지 해는

$$ln(x+y+z)+2\,ln(x-y)=ln\ c_1,\ \text{즉}\ (x+y+z)(x-y)^2=c_1$$

그리고

$$ln(x-y)-ln(x-z)=ln\ c_2,\ \text{즉}\ \frac{x-y}{x-z}=c_2$$

그러므로 정리에 따라 일반해는

$$\varphi\left((x+y+z)(x-y)^2,\ \frac{x-y}{x-z}\right)=0$$

또는 $$\frac{x-y}{x-z}=\psi\left[(x+y+z)(x-y)^2\right]$$ □

연습문제

푸리에 급수

1. $f(x)=\begin{cases}0 & , \ -\pi<x<0 \\ \pi-x, & \ 0\le x<\pi\end{cases}$에 대한 푸리에 급수를 구하시오.

답 $\frac{\pi}{4}+\sum_{n=1}^{\infty}\left\{\frac{1-(-1)^n}{n^2\pi}cos\ nx+\frac{1}{n}sin\ nx\right\}$

2. $f(x)=x+\pi,\ -\pi<x<\pi$에 대한 푸리에 급수를 구하시오. 또, 이 결과를 이용하여 $\frac{\pi}{4}=1-\frac{1}{3}+\frac{1}{5}-\frac{1}{7}+\cdots$ 임을 보여라.

답 $\pi+2\sum_{n=1}^{\infty}\frac{(-1)^{n+1}}{n}sin\ nx$

3. $f(x)=\begin{cases}0 & , \ -\pi<x<0 \\ x^2, & \ 0\le x<\pi\end{cases}$에 대한 푸리에 급수를 구하시오. 또, 이 결과를 이용하여

(1) $\frac{\pi^2}{6}=1+\frac{1}{2^2}+\frac{1}{3^2}+\frac{1}{4^2}+\cdots$

(2) $\frac{\pi^2}{12}=1-\frac{1}{2^2}+\frac{1}{3^2}-\frac{1}{4^2}+\cdots$

임을 각각 보여라.

답 $\frac{\pi^2}{6}+\sum_{n=1}^{\infty}\left\{\frac{2(-1)^n}{n^2}cos\ nx+\left(\frac{(-1)^{n+1}\pi}{n}+\frac{2[(-1)^n-1]}{\pi n^3}\right)sin\ nx\right\}$

4. $f(x)=\begin{cases}1, & -1<x<0 \\ x, & \ 0\le x<1\end{cases}$에 대한 푸리에 급수를 구하시오.

답 $\frac{3}{4}+\sum_{n=1}^{\infty}\left\{\frac{(-1)^n-1}{n^2\pi^2}cos\ n\pi x-\frac{1}{n\pi}sin\ n\pi x\right\}$

5. $f(x)=x^2,\ 0<x<L$에 대하여 각각 다음과 같은 푸리에 급수로 전개하여라.

(1) 코싸인 급수

답 $\dfrac{L^2}{3}+\dfrac{4L^2}{\pi^2}\sum_{n=1}^{\infty}\dfrac{(-1)^n}{n^2}cos\ \dfrac{n\pi}{L}x$

(2) 싸인 급수

답 $\dfrac{2L^2}{\pi}\sum_{n=1}^{\infty}\left\{\dfrac{(-1)^{n+1}}{n}+\dfrac{2[(-1)^n-1]}{n^3\pi^2}\right\}sin\ \dfrac{n\pi}{L}x$

(3) 푸리에 급수

답 $\dfrac{L^2}{3}+\dfrac{L^2}{\pi}\sum_{n-1}^{\infty}\left\{\dfrac{1}{n^2\pi}cos\ \dfrac{2n\pi}{L}x-\dfrac{1}{n}sin\ \dfrac{2n\pi}{L}x\right\}$

경계값 문제

변수분리법을 사용하여 다음 편미분방정식의 해를 구하여라.

6. $\dfrac{\partial z}{\partial x}+\dfrac{\partial z}{\partial y}=0$

답 $z=\sum_k a_k e^{k(x-y)}$

7. $\dfrac{\partial z}{\partial x}+\dfrac{\partial z}{\partial y}=3z$

답 $z=\sum_k c_k e^{k(x-y)+3y}$

8. $\dfrac{\partial^2 z}{\partial x^2}+\dfrac{\partial^2 z}{\partial y^2}=0$

답 $z=\sum_k\left(a_k e^{\sqrt{k}x}+b_k e^{\ \sqrt{k}x}\right)\left(c_k sin\ \sqrt{k}y+d_k cos\ \sqrt{k}\ y\right)$

$z=c_1xy+c_2x+c_3y+c_4$

9. $\dfrac{\partial^2 z}{\partial x^2} - \dfrac{\partial^2 z}{\partial y^2} = 0$

답 $z = \sum_k e^{ky}\left(a_k e^{\sqrt{k}x} + b_k e^{-\sqrt{k}x}\right)$,

$z = \sum_k e^{-ky}\left(a_k sin\ \sqrt{k}\,x + b_k\, cos\ \sqrt{k}\ x\right)$

$z = c_1 + c_2 x$

10. $\dfrac{\partial^2 u}{\partial x \partial y} = u$

답 $u = c_1 e^{\left(c_2 x + \frac{y}{c_2}\right)}$

11. $\dfrac{\partial^2 u}{\partial x^2} - 4\dfrac{\partial u}{\partial y} = 0$

답 $u = A_1 e^{\lambda^2 y} cosh\ 2\lambda x + B_1 e^{\lambda^2 y} sinh\ 2\lambda x$

$u = A_2 e^{-\lambda^2 y} cos\ 2\lambda x + B_2 e^{-\lambda^2 y} sin\ 2\lambda x$

$u = A_3 x + B_3$

12. 다음 조건을 만족하는 현의 파동방정식 $\dfrac{\partial^2 u}{\partial t^2} - a^2 \dfrac{\partial^2 u}{\partial x^2} = 0$의 해를 구하시오.

$u(0, t) = 0,\ u(L, t) = 0,$

$u(x, 0) = \dfrac{1}{4} x(L - x),\ \dfrac{\partial u}{\partial t}|_{t=0} = 0$

답 $u(x, t) = \dfrac{L^2}{\pi^3} \sum_{n=1}^{\infty} \dfrac{1 - (-1)^n}{n}\ cos\ \dfrac{n\pi a}{L} t \cdot sin\ \dfrac{n\pi}{L} x$

13. 다음 조건을 만족하는 현의 파동방정식 $\dfrac{\partial^2 u}{\partial t^2} - a^2 \dfrac{\partial^2 u}{\partial x^2} = 0$의 해를 구하시오.

$u(0,\ t) = 0,\ u(\pi,\ t) = 0,$

$u(x,\ 0) = 0,\ \frac{\partial u}{\partial t}|_{t=0} = sin\ x$

답 $u(x,\ t) = \frac{1}{a} sin\ at \cdot sin\ x$

14. 다음과 같이 직사각형 경계값 조건으로 주어지는 정류상태의 열을 구하시오.

$u(0,\ y) = 0,\ u(1,\ y) = 1 - y$

$\frac{\partial u}{\partial y}|_{y=0} = 0,\ \frac{\partial u}{\partial y}|_{y=1} = 0$

답 $u = \frac{1}{2}x + \frac{2}{\pi^2}\sum_{n=1}^{\infty}\frac{1-(-1)^n}{n^2 sinh\ n\pi} sinh\ n\pi x \cdot cos\ n\pi y$

15. 경계값 조건 $u(1,\ \theta) = \begin{cases} u_0, & 0 < \theta < \pi \\ 0, & \pi < \theta < 2\pi \end{cases}$ 을 만족하는 반지름 1인 원판 상의 정류상태의 열을 구하시오.

답 $u(r,\ \theta) = \frac{u_0}{2} + \frac{u_0}{\pi}\sum_{n=1}^{\infty}\frac{1-(-1)^n}{n} r^n sin\ n\theta$

16. 본문의 예제에서 다룬 원판상의 정류상태의 열에 대한 푸리에 급수로 주어진 해를 다음 적분 형태

$$u(r,\ \theta) = \frac{1}{2\pi}\int_0^{2\pi}\frac{c^2 - r^2}{c^2 - 2cr cos(t-\theta) + r^2} f(t)\,dt$$

로 고쳐보시오.

17. 다음 경계값 조건의 열방정식 $\frac{\partial u}{\partial t} - \frac{\partial^2 u}{\partial x^2} = 0$의 해를 구하시오.

$u(0,\ t) = u(L,\ t) = 0,\ t > 0$

$u(x,\ 0) = 100,\ 0 < x < \pi$

답 $u(x,\, t) = \dfrac{200}{\pi}\sum_{n=1}^{\infty}\left[\dfrac{1-(-1)^n}{n}\right]e^{-n^2 t}\, sin\ \ nx$

준선형 PDE

18. $\dfrac{\partial z}{\partial x} + \dfrac{\partial z}{\partial y} = z$

답 $z = e^x\, \psi(x-y)$

19. $x\dfrac{\partial z}{\partial x} + y\dfrac{\partial z}{\partial y} = 2z$

답 $z = x^2\, \psi\left(\dfrac{y}{x}\right)$

20. $(y+z)\dfrac{\partial z}{\partial x} + (x+z)\dfrac{\partial z}{\partial y} = x+y$

답 $\varphi\left(\dfrac{x-y}{x-z},\ (x+y+z)(x-y)^2\right) = 0$, 또는 $\dfrac{x-y}{x-z} = \psi((x+y+z)(x-y)^2)$

21. $\dfrac{\partial^2 z}{\partial x \partial y} + \dfrac{\partial^2 z}{\partial x^2} = 4x$

답 $3z = 2x^3 + \varphi(ye^{-x}) + \psi(y)$

22. 공간곡선 $x = t$, $y = 2t^2 + t$, $z = 1 + t^3$을 품는 곡면을 나타내는 편미분 방정식

$$x\frac{\partial z}{\partial x} + y\frac{\partial z}{\partial y} = z$$

을 풀어라.

답 $z = \dfrac{2x^2}{y-x} + \dfrac{(y-x)^2}{4x^2}$

미분방정식
微分方程式
DIFFERENTIAL EQUATION

부록

1. 일계 고차 a first-order of higher degree

앞에서 일계 미분방정식에 대해서는 비선형도 포함하여 다루었음을 알 수 있다. 이를테면, 분리형 **separable**, 완전미분방정식 **exact**, 적분인자 **integrating factor**, 동차형 **homogeneous** 등을 다루었다. 그러나 선형 미분방정식은 상수계수일 경우에는 체계적인 풀이법이 있고, 변수계수의 경우에도 멱급수해를 구하는 방법이 있었다.

그러나 일계 비선형 미분방정식은 체계적인 풀이 방법은 없고 개별적인 풀이 방법을 갖는다. 해의 존재성(과 유일성) 정리에 따라 해가 있는 경우라도 실제로 해를 기본 함수로 구하는 것이 어려운 경우가 흔히 있다.

끝으로 여기서는 일계 비선형 방정식에서 특별하게 해를 구하는 몇 가지 경우를 간략하게 소개하면서 마무리를 하고자 한다.

$f(x,\ y,\ y')=0$ 꼴로 주어지는 일계 고차 미분방정식에 대하여 좌변이 인수분해 되어 앞에서 배운 일계 미분방정식들을 포함하게 되는 경우가 있다.

여기서는 편의상 $\dfrac{dy}{dx}=p$라는 기호를 고안하여 쓰기로 한다.

예제 일계 이차 미분방정식

$$xy(y')^2+(x+y)y'+1=0 \qquad \cdots (1)$$

를 풀어보자.

풀이 --

앞의 기호로 간단히 쓰면

$$xyp^2+(x+y)p+1=0$$

인수분해하면

$$(xp+1)(yp+1)=0$$

이므로

$$xp+1=0 \quad \cdots (2)$$

$$yp+1=0 \quad \cdots (3)$$

따라서 (3)을 풀면

$$y^2 = -2(x-c_1) \quad \cdots (4)$$

마찬가지로 (2)를 풀면

$$dy + \frac{1}{x}dx = 0$$

즉,

$$y = -\ln|c_2x| \quad \cdots (5)$$

주어진 일계 이차 미분방정식의 해는 (4), (5)이다. □

참고로 앞의 두 가지 해를 연속이 되도록 잘라 이어붙인 cut & paste 제 3의 해를 생각할 수 있다. 이를테면,

$$y = \sqrt{2-2x}\,, \ x \le 1$$

$$y = 1 - \ln x, \ x \ge 1$$

는 주어진 미분방정식 (1)의 해가 된다.

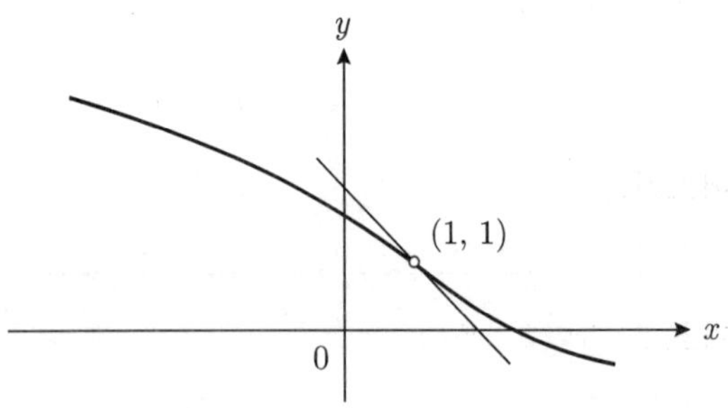

특이해

일계 이차 미분방정식

$$y^2(y')^2 - a^2 + y^2 = 0 \qquad \cdots (1)$$

을 풀어보자. $y^2p^2 - a^2 + y^2 = 0$로 쓰고 정리하면

$$yp = \pm\sqrt{a^2 - y^2}$$

즉,

$$\pm\frac{y}{\sqrt{a^2 - y^2}}dy = dx \qquad \cdots (2)$$

또는

$$a^2 - y^2 = 0. \qquad \cdots (3)$$

이제 (2)에 대하여

$$x = c_1 - \sqrt{a^2 - y^2}$$

또는

$$x = c_2 + \sqrt{a^2 - y^2} \qquad \cdots (4)$$

그리고 (3)에 대한

$$y = a \quad \text{또는} \quad y = -a \qquad \cdots (5)$$

(4)를 합쳐서 나타낸 해는

$$(x - c)^2 + y^2 = a^2 \qquad \cdots (6)$$

여기서 c는 임의의 상수 a parameter 로 (6)은 주어진 미분방정식의 일반해를 나타낸다. 한편 다른 해 (5)에 대하여 $p = 0$가 되어 주어진 방정식의 또 다른 해임을 확인할 수 있는데, (6)에 포함되는 해가 아니다.

이와 같이,

(a) 일반해에 포함되지 않고,
(b) 각 접점에서는 접선벡터 a tangent 가 일치하는

해를 **특이해** a singular solution 라 한다.

그래프로 살펴보면, 그림과 같이 특이해 (5)는 각 접점에서 일반해 (6)에 접하며 둘러싸는 곡선, 포락선 **an envelope** 형태로 나타나게 된다.

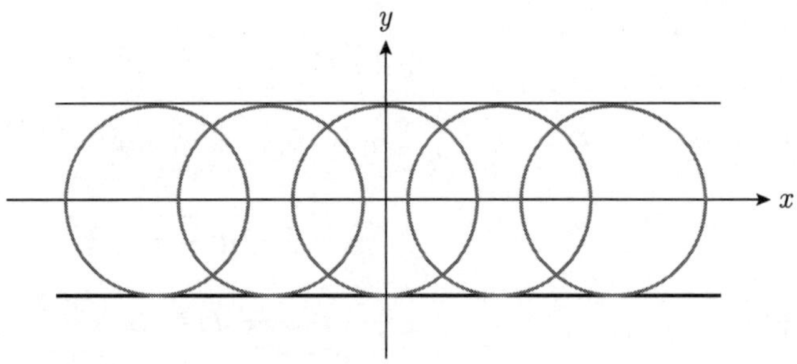

종속변수 소거하기

방정식

$$f(x,\ y,\ p) = 0 \qquad \cdots (1)$$

을 y에 대하여 풀어

$$y = g(x,\ p) \qquad \cdots (2)$$

로 쓸 수 있고, 이것을 미분하여 정리하면 $p = y'$이므로 변수 x, p만 포함한

$$h\left(x,\ p,\ \frac{dp}{dx}\right) = 0 \qquad \cdots (3)$$

형태를 얻게 된다. 이것을 풀어 얻은 해들과 주어진 방정식 (1)에 대하여 p를 매개변수로 하는 방정식으로 되는 것이다.

예제 일계 이차 미분방정식

$$x(y')^2 - 3yy' + 9x^2 = 0$$

를 풀어라.

풀이 ---

$$xp^2 - 3yp + 9x^2 = 0 \qquad \cdots (4)$$

로 쓰고 y에 대하여 풀면

$$3y = xp + \frac{9x^2}{p} \qquad \cdots (5)$$

양변을 미분하여 정리하면

$$\left(1 - \frac{9x}{p^2}\right)\left(2p - x\frac{dp}{dx}\right) = 0 \qquad \cdots (6)$$

이므로

$$\left(1 - \frac{9x}{p^2}\right) = 0 \qquad \cdots (7)$$

또는

$$\left(2p - x\frac{dp}{dx}\right) = 0 \qquad \cdots (8)$$

(8)에 대하여

$$p = cx^2 \qquad \cdots (9)$$

이제 주어진 미분방정식 (4)와 그 해 (9)는 p를 매개변수 **a parameter** 로 하는 방정식 **a parametric equation** 이 되어 소거하여 정리하면

$$3cy = c^2x^3 + 9$$

간단히

$$ky = k^2x^3 + 1 \qquad \cdots (10)$$

로 k를 파라미터로 하는 일반해가 된다.

이제 방정식 (7)도 마찬가지로 미분방정식 (4)와 함께 p를 매개변수 **a parameter** 로 하는 방정식 **a parametric equation** 이 되어 소거하여 정리하면

$$y^2 = 4x^3 \qquad \cdots (11)$$

이 되어 두 개의 함수가 주어진 방정식의 해곡선임을 확인할 수 있다. 참고로 해 (11)은 해 (10)에 포함되지 않는 것으로 특이해 **a singular solution** 가 되어 그래프는 일반해 (10)의 포락선 **an envelope** 로 나타남을 알 수 있다(다음 절 그래프 참조). □

2. Clairaut 방정식

미분방정식

$$y = xy' + f(y') \qquad \cdots (1)$$

로 f는 x, y는 안 나타나는 y'만의 함수일 때 (1)을 **끌레로** Clairaut 방정식이라 한다. 이것은 미분하여 정리하면

$$(x + f'(p))\frac{dp}{dx} = 0 \qquad \cdots (2)$$

로 앞과 같이

$$\frac{dp}{dx} = 0 \qquad \cdots (3)$$

또는

$$x + f'(p) = 0 \qquad \cdots (4)$$

우선 (3)에 대해서는 $p = c$가 되어 (1)에 대입하면

$$y = cx + f(c) \qquad \cdots (5)$$

가 되어 c를 파라미터로 하는 일반해가 된다.

한편 (4)에 대해서는 주어진 방정식 (1)과 함께 매개변수 방정식

$$\begin{cases} x = -f'(p) \\ y = f(p) - pf'(p) \end{cases} \qquad \cdots (6)$$

이 된다.

예제 일계 3차 미분방정식

$$y = xy' + (y')^3 \qquad \cdots (7)$$

을 풀어라.

풀이

앞과 과정 (5)를 참조하면 구하는 일반해는

$$y = cx + c^3$$

한편 (6)으로부터 매개변수 방정식

$$\begin{cases} x = -3p^2 \\ y = -2p^3 \end{cases}$$

를 얻는데, p를 소거하면 특이해 **a singular solution**

$$27y^2 = -4x^3$$

를 얻는다. □

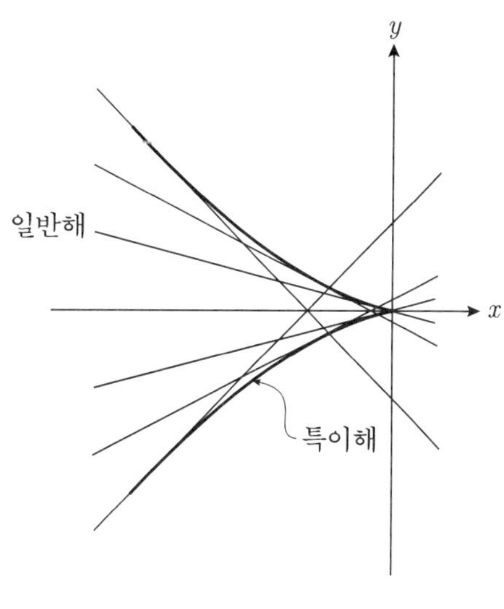

연습문제

1계 고차

1. $x^2(y')^2 - y^2 = 0$

답 $y = c_1 x$, $xy = c_2$

2. $x^2(y')^2 - 5xyy' + 6y^2 = 0$

답 $y = c_1 x^2$, $y = c_2 x^3$

3. $(x^2-1)(y')^2 - 2xyy' + y^2 - 1 = 0$

답 $y = c_1 x + \sqrt{1+c_1^2}$, $y = c_2 x - \sqrt{1+c_2^2}$,
특이해 $x^2 + y^2 = 1$

4. $(y')^2 + x^3 y' - 2x^2 y = 0$

답 $c^2 + cx^2 = 2y$, 특이해 $8y = -x^4$

5. $2x(y')^3 - 6y(y')^2 + x^4 = 0$

답 $2c^3x^3 = 1 - 6c^2 y$, 특이해 $2y = x^2$

6. $y = xy' + k(y')^2$

답 $y = cx + kc^2$, 특이해 $x^2 = -4ky$

7. $x^8(y')^2 + 3xy' + 9y = 0$

답 $x^3(y+c^2) + c = 0$, 특이해 $4x^6 y = 1$

참고문헌

김순자 외 12인, Kreyszig 공업수학(개정 9판), 범한서적, 2007.

황규범 외 3인, 미분방정식, ㈜북스힐, 2004.

Dennis G. Zill, a first course in Differential Equations, 5th Ed, PWS-KENT, Boston, 1993.

Earl D. Rainville Phillip E. Bedient, Elemantary Diffential Equations, 7th ed, Macmillan, 1989.

George F. Simmons, Steven C. Krantz, Differential Equations-theory, technique, and practice, McGraw-Hill International, 2007.

교재 속의 인명과 법칙들

Differential Equations

Bernoulli
Bessel
Cauchy-Euler
Clairaut
Legendre
Lotka-Volterra
Laplace
Ricatti
Volterra Integral

Laws

Newton's 2nd law of motion
Newton's law of cooling
Hooke's law
law of Malthus
Kepler's 2nd law of planetary

찾아보기

미분방정식

지은이 석용징
펴낸이 조경희
펴낸곳 경문사
펴낸날 2017년 4월 5일 1판 1쇄
등 록 1979년 11월 9일 제 313-1979-23호
주 소 04057, 서울특별시 마포구 와우산로 174
전 화 (02)332-2004 팩스 (02)336-5193
이메일 kyungmoon@kyungmoon.com
facebook facebook.com/kyungmoonsa

값 12,000원

ISBN 979-11-6073-012-8